ISBN 978-0-666-51729-6
PIBN 11044678

English
Français
Deutsche
Italiano
Español
Português

www.forgottenbooks.com

Mythology Photography **Fiction**
Fishing Christianity **Art** Cooking
Essays Buddhism Freemasonry
Medicine **Biology** Music **Ancient**
Egypt Evolution Carpentry Physics
Dance Geology **Mathematics** Fitness
Shakespeare **Folklore** Yoga Marketing
Confidence Immortality Biographies
Poetry **Psychology** Witchcraft
Electronics Chemistry History **Law**
Accounting **Philosophy** Anthropology
Alchemy Drama Quantum Mechanics
Atheism Sexual Health **Ancient History**
Entrepreneurship Languages Sport
Paleontology Needlework Islam
Metaphysics Investment Archaeology
Parenting Statistics Criminology
Motivational

LA PYROTHECNIE PRATIQUE,

OU

DIALOGUES

ENTRE un Amateur des feux d'Artifice, pour le Spectacle, & un Jeune homme curieux de s'en instruire.

Signiùs irritant animos demissa per aurem
Quàm quæ sunt oculis subjecta fidelibus, & quæ
Ipse sibi tradit spectator.
HORATIUS, Arte Poeticâ.

A PARIS, RUE DAUPHINE,

Chez L. CELLOT, & JOMBERT fils jeune;
Libraires, Imp. la seconde porte - cochere à
droite par le Pont-Neuf,

AU FOND DE LA COUR.

1780.

Avec Approbation & Privilege du Roi.

LETTRE

Du jeune Comte de L . . . à M. G . . . .
Amateur de la Pyrothecnie, laquelle a
donné lieu au Mémoire ci-après.

MONSIEUR,

LE beau feu d'Artifice que vous avez eu
là complaisance de composer & d'exécuter
ces jours derniers pour la fête de mon pere,
a été si applaudi de la bonne Compagnie
qui étoit réunie au Château, tant pour la
précision avec laquelle vous l'avez fait
jouer, que pour la variété des différentes
pieces, toutes plus belles les uns que les
autres qui le composoient, que vous m'a-
vez donné l'envie de m'amuser comme
vous, d'un exercice aussi honnête.

Mon pere à qui j'ai fait part de ma ré-
solution, & qui, vous le savez, ne néglige
rien pour nous procurer dans notre campagne, ainsi qu'à ses amis voisins, toutes

fortes de divertiffemens, a beaucoup ap-
prouvé mon goût pour les Artifices.

Permettez-moi donc, Monfieur, d'avoir
recours à vous pour m'inftruire dans un
art que je defire fi fort de connoître,
D'ailleurs le mariage de ma fœur aînée,
qui eft décidé pour le printems prochain,
avec M. le Marquis de ... Colonel au
Régiment de ... Dragons, & pour lequel
je ferois bien charmé d'être en état, avec
votre fecours, de pouvoir donner un impromptu brillant, me fait efpérer que vous
ne vous refuferez pas, lorfque nous ferons
de retour à la Ville pour y paffer l'hiver, à
me donner des leçons qui me conduiront
certainement au but que je me propofe.
J'ai tout lieu de l'attendre de vous, par
l'attachement que vous avez toujours marqué pour notre maifon.

Je n'ai cependant pas affez d'amour propre & de vanité pour me flatter de réuffir
du premier coup ; & je m'attends à avoir
quelques épreuves à faire, avant de pouvoir bien exécuter une fufée ; mais avec de
la patience & de la bonne volonté, j'efpere y
parvenir. Ainfi, vous trouverez en moi un
difciple très-docile, & empreffé à fuivre
tout ce que vous lui prefcrirez. Vous me
permettrez feulement de vous faire des
queftions, lorfque la moindre chofe m'ar-

rétera; & perfuadé que vous accédez dès-
à-préfent à ma demande, j'ai l'honneur
d'être avec une reconnoiſſançe anticipée,
mais plus vive & plus durable que vos
feux d'Artifice,

MONSIEUR,

Du Château de . . . .   Votre très - affectionné
le 6 Juillet 1774.   Serviteur,
                          Le Comte DE L . . . .

RÉPONSE

De l'Amateur à la lettre précédente.

MONSIEUR,

JE suis, on ne peut plus, sensible aux politesses que vous me témoignez par l'honneur de votre lettre, au sujet du bouquet d'Artifice que j'ai pris la liberté d'offrir à M. le Marquis; mais je ne m'attendois pas que vous exigeriez de moi une chose à laquelle je suis si peu propre; car ce n'est pas une petite affaire que de m'ériger en maître dans un art que je possede si peu. D'ailleurs mon état ne me permet pas de me livrer toujours à cette sorte d'amusement, dont je ne m'occupe, ainsi que vous ne l'ignorez pas, Monsieur, que dans mes momens de loisir.

Cependant je suis trop attaché à votre respectable famille, par l'estime dont elle veut bien m'honorer, pour avoir rien à vous refuser; & je n'aurai pas de plus grand plaisir que celui de passer l'hiver avec vous,

& de vous communiquer mes foibles lumieres fur les Artifices.

La jolie falle de Comédie que vous avez,
dans votre Terre, & qui vous fert fouvent
à jouer de petites pieces entre vous, dont
j'ai quelquefois été fpectateur, eft bien propre à vous affermir encore dans votre réfolution; car rien n'eft plus amufant & plus
flatteur que de donner après une Comédie,
le fpectacle d'un petit feu d'Artifice, fur-
tout lorfqu'on l'a fait foi-même.

Je ne vous entretiendrai pas par régle de
géométrie, parce que vous n'êtes pas encore
affez verfé dans cette fcience; & que quand
même vous la poffériez, je n'entrepren-
drois pas de vous parler géométriquement,
fur = tout après certains Auteurs qui ont
traité de la Pyrothecnie avec tant de lumieres; comme *Frefier*, par exemple, qui
y a excellé, & dans l'ouvrage moderne
duquel, comme un bon *guide*, & le feul
que j'aie jamais fuivi, j'ai puifé le peu de
connoiffance que j'ai dés Artifices. Lorfque
vous en aurez vous-même acquis, vous
pourrez le confulter, & vous y reconnoîtrez
d'autant plus aifément les principes que je
vous donnerai, que je me propofe de vous
les développer par écrit, article par article,
& d'y joindre les queftions que vous me
ferez, quand nous travaillerons enfemble.

Je me bornerai feulement à vous faire opérer d'après la *pratique* que j'ai des feux d'Artifice ; pratique garantie par des épreuves certaines & fans nombre, & que nous répéterons enfemble par des pieces de votre façon, afin que vous puiffiez exécuter *feul* la fête que vous vous propofez de donner pour le mariage de Mademoifelle votre fœur. Et comme je vous connois beaucoup de patience & d'adreffe, je ne doute pas que vous ne foyez fous peu de tems, en état de faire à M. votre pere une furprife auffi agréable qu'inattendue, en lui donnant un *petit feu d'Artifice*, forti de vos mains feules.

S'il m'eft poffible, j'aurai l'honneur de vous aller voir, & de paffer quelques jours avec vous. En attendant que j'aie cet avantage, faites agréer, je vous prie, mon refpectueux attachement à toute votre famille, & foyez perfuadé que perfonne n'eft plus fincérement que moi;

MONSIEUR,

A...z. 12 *Juillet* 1774.   Votre très-humble & obéiffant Serviteur, G......

POST-SCRIPTUM

SERVANT DE PRÉFACE.

COMME le *Traité des Feux d'Artifices*
de *Frefier* n'eft pas à la portée de tout le
monde, puifqu'il n'a *écrit*, ainfi qu'il le dit
page 97, « que pour quelques Gens de
» Lettres, curieux de cet art, en qui il
» fuppofe plus de connoiffances qu'aux
« fimples ouvriers fans étude »; j'ai imaginé
de rédiger le Mémoire fuivant par *Dialo-*
gues, dans lefquels j'ai évité toutes démonftrations géométriques, afin de me mettre à
la portée du jeune homme pour lequel je
l'ai fait.

Ce Mémoire n'auroit jamais paru, fi une
Brochure *in-8°*. intitulée l'*Art de compofer*
& faire les fufées volantes & non volantes,
qui m'eft par hafard tombée depuis peu entre les mains, quoique plubliée en 1775,
contenoit affez de détails & de pratique,
pour pouvoir inftruire des Artifices.

Nous avons cherché, dit l'Auteur de
cette Brochure, page 2, *les moyens de fim-*
plifier la maniere de faire les principales
pieces, & les plus curieufes qui compofent

les feux d'Artifices. Nous croyons y être parvenus, &c. mais fans vouloir analyfer cet Ouvrage, ni entrer en difcuffion avec l'Auteur, qu'il me permette feulement de lui demander la *clef* de fon *échelle*, afin de pouvoir trouver les proportions des moules des fufées volantes, & des baguettes pour les charger.

Je ne vois pas fur cette échelle, les proportions que je dois donner à ces moules & baguettes, puifqu'elle n'a de *gradations* que *fix* divifions, qui n'ont aucune *détermination de pouces* ni de *lignes.* Cependant l'Auteur dit, page 5, *lorfqu'on a ce moule & les baguettes préparées fuivant les proportions marquées dans la planche, & qu'on leur donnera fuivant l'échelle, il faut, &c.* Comment puis-je donc avec une telle mefure, faire faire des moules, des baguettes & des broches ?

Je trouve à la vérité, pages 14 & 15, la hauteur des moules relativement à la dénomination de certaines fufées volantes, mais je vois en même tems que la citation de leur poids eft fauffe ; & comme cette hauteur ne me donne pas le diametre extérieur & intérieur de ces fufées, ni celui du trou de ces moules, il m'eft impoffible de pouvoir mouler les unes, & de faire exécuter les autres, quoique j'aie fous les yeux un

'Art, qui annonce, page 2, *que d'après son expofé, on ne trouvera ni difficultés ni embarras à faire ce que l'on defirera, & même à exécuter des chofes neuves en ce genre.* Mais comment y parviendrai-je, puifque je fuis arrêté dès le premier pas?

N'en déplaife encore à l'Auteur, où a-t-il vu que le feu de la chaffe d'une fufée volante, fe communique au corps de la fufée? Il le dit cependant, page 9, en ces termes: *afin que quand on viendra à mettre le feu à ce que l'on appelle la chaffe, qui eft l'efpace laiffé au-deffus, & qui doit être rempli d'une autre compofition, il puiffe facilement fe communiquer au corps de la fufée.*

On fuppofe trop de connoiffances à l'Auteur, pour lui imputer une faute de cette nature, que l'on veut bien regarder comme faute d'impreffion; mais il ne devoit pas la laiffer paffer: elle n'en induit pas moins en erreur ceux qui ne connoiffent pas l'effet que doit produire une fufée volante, pour jetter fa garniture; parce qu'il fuit de ce raifonnement, que la fufée doit brûler la derniere, & prendre feu par la *tête*: on le met au contraire à fa *gorge*, & il fe communique dans le *pot*, quand la compofition eft confumée, & il enflamme & pouffe dehors la garniture, au moyen de la *chaffe*.

Un *Art* qui ſe borne à indiquer, pour toutes pieces figurées, la façon de monter une *girandole* ſeulement, & qui ne donne pas les moyens d'opérer dans d'autres de ſes parties, n'eſt pas proprement un Art. En effet, on ſe contente de dire, même page 9., *après quoi prenez le pot 1, aſſemblez-le ſur le haut de la fuſée, en faiſant entrer le cartouche dans la partie la plus étroite du pot, &c.* & page 10, *appliquez adroitement ſur le pot le chapiteau L., qui déborde un peu le pot, & qui eſt découpé pour pouvoir y être plus commodément appliqué.*

On pourroit encore demander ici à l'Auteur, le diametre de ce pot & la maniere de le faire, ainſi que le chapiteau & autres pieces compoſées ; mais il ſuppoſe apparemment que ceux à qui il parle, ſavent tout faire, où qu'il leur en dit aſſez pour pouvoir exécuter d'eux-mêmes ce qu'il ne leur démontre pas ; dans ce cas, ils n'ont pas beſoin de ſon Art. Ils ne ſeront jamais Artificiers même *paſſables*, ſi tout leur ſavoir faire ne conſiſte que dans une *fuſée volante*, une *girandole*, quelques *pots à feu* & un *courantin tels que tels* ; car ce ſont là les *pieces* les plus *curieuſes* qu'il leur indique.

Un Art enfin, comme celui dont je viens de rapporter quelques paſſages, & qui ſe trouve renfermé dans 42 pages d'impreſ-

tion, est un *Art* très-*laconique*, ou plutôt
un très-petit *extrait* d'*Art*, qu'un *Art* même.
Encore pour l'augmenter, a-t-on copié
plusieurs pages du *Traité* de *Fresier*, dont
on a retranché quelques mots çà & là, à
dessein sans doute d'en déguiser le style.

On me reprochera peut-être le défaut
contraire, la *prolixité* ; mais comme ce
Mémoire est la *conversation* par écrit de
deux amis qui travaillent ensemble, dont
l'un pour *apprendre*, fait de tems en tems
des *questions*, que l'autre jaloux de bien
démontrer ce qu'il sait sur la *Pyrotechnie*,
tâche de *résoudre* à la satisfaction du premier, en le faisant opérer sous ses yeux ; je
ne pouvois me dispenser d'entrer dans tous
les détails qu'exige un entretien *instructif*
& *familier*, sur-tout avec une personne
qui, n'ayant aucune teinture de la construction des feux d'Artifice, étoit souvent arrêtée ; au moyen de quoi je n'ai pas craint de
m'étendre un peu, afin de lui faire mieux
entendre les moyens simples & faciles que
je croyois lui proposer pour s'en instruire.
Bien éloigné en cela de l'Auteur de la Brochure citée, qui *simplifie* un peu trop la
maniere d'apprendre à faire les Artifices.

Mais, dira-t-on encore, il n'y a rien de
neuf dans cette production ; ce n'est qu'une
répétition de quelques Auteurs qui ont

écrit, fur la Pyrothecnie. Qu'il me fôit permis de répondre que je n'ai, pas entrepris de traîter à fond un *Art* dont je ne fuis qu'*Amateur*, ni de former des Artificiers pour en faire leur profeffion ; mais que j'ai feulement eu pour *but* de faire plaifir à nombre de Particuliers, en leur facilitant la *pratique* des *pièces* d'artifice d'*air* & de *terre*, les plus *ufuelles*, & des *machines* propres à les *monter*, afin de les mettre en état de pouvoir compofer un feu d'Artifice *bourgeois*, & de s'en amufer entre amis. Si à l'aide de cet Écrit, j'ai le bonheur de les y faire parvenir, j'aurai rempli mes *vues*.

TABLE

TABLE
DES MATIERES
Contenues dans ce Traité.

PREMIERE PARTIE.
Des Cartouches.

DIALOGUE PREMIER.
Fabrication du Carton.

DIALOGUE DEUXIEME.
Epaisseurs des Cartouches.

DEUXIEME PARTIE.

Des outils à charger, & des matieres propres à composer les feux d'Artifices.

DIALOGUE PREMIER.

Des moules & culots pour charger les fufées volantes.

b ij

DIALOGUE DEUXIEME.

Des broches & pointes de fer.

DIALOGUE TROISIEME.

Des baguettes & maillets à charger.

b iij

DIALOGUE QUATRIEME.

Des matieres combustibles & autres ; & maniere de les préparer.

TROISIEME PARTIE.

Du chargement des d'Artifices.

DIALOGUE PREMIER.

Des serpenteaux, pluies de feu, étoiles, saucissons, marrons & autres petits artifices de garnitures.

b iv

DIALOGUE DEUXIEME.

Chargement des fusées volantes.

DIALOGUE TROISIÈME.

Maniere de garnir les fusées volantes.

DIALOGUE QUATRIÈME.

Maniere de monter les fusées volantes sur des baguettes, & de les tirer.

DIALOGUE CINQUIÈME.

Chargement des jets ou gerbes de feu.

DIALOGUE SIXIÈME.

Chargement des lances & chandelles romaines.

QUATRIEME PARTIE.

De la maniere de monter les artifices sur des machines, & d'y adapter les communications de feu, pour en faire différentes pieces figurées, fixes & mobiles.

DIALOGUE PREMIER.

Des Courantins.

DIALOGUE DEUXIEME.

Des fufées de table.

DIALOGUE TROISIEME.

Des pots-à-feux.

DIALOGUE QUATRIEME.

Des bombes ou balons.

DIALOGUE CINQUIEME.

Des illuminations & galeries de feu.

DIALOGUE SIXIEME.

Des fontaines, cafcades, & napes de feu.

DIALOGUE

DIALOGUE SEPTIÈME.

Des soleils tournans & fixes.

DIALOGUE HUITIEME.

Des Girandoles.

DIALOGUE NEUVIEME.

De la machine Pyrique.

DIALOGUE DIXIÈME.

De la diſtribution & de l'exécution d'un feu d'artifice.

Fin de la Table des Matieres.

APPROBATION.

J'ai lu par ordre de Monseigneur le Garde des Sceaux, un Manuscrit intitulé: *la Pyrothecnie-Pratique, ou Dialogues entre un Amateur de feux d'Artifices & un jeune homme curieux de s'en instruire*, je n'y ai rien trouvé qui s'oppose à ce qu'on en permette l'impression. A Paris, ce 2 Août 1778.

BRISSON.

PERMISSION DU SCEAU.

LOUIS, par la grace de Dieu, Roi de France & de Navarre : A nos amés & féaux Conseillers, les Gens tenans nos Cours de Parlement ; Maîtres des Requêtes ordinaires de notre Hôtel, Grand Conseil, Prévôt de Paris, Baillifs, Sénéchaux, leurs Lieutenans Civils, & autres nos Justiciers qu'il appartiendra : SALUT. Nos amés les sieurs CELLOT & JOMBERT, Imp. Libraires à Paris, nous ont fait exposer qu'ils desireroient faire imprimer & donner au Public, *la Pyrothecnie-Pratique, ou Dialogues entre un Amateur de feux d'Artifices, & un jeune homme curieux de s'en instruire*, s'il Nous plaisoit leur accorder nos Lettres de Permission pour ce nécessaires. A CES CAUSES, voulant favorablement traiter les Exposans, nous leur avons permis & permettons par ces Présentes, de faire imprimer ledit Ouvrage autant de fois que bon leur semblera, & de le faire vendre & débiter par-tout notre Royaume, pendant le tems de cinq années consécutives, à compter du jour de la date des Présentes. Faisons défenses à tous Imprimeurs, Libraires & autres personnes de quelque qualité & condition qu'elles soient, d'en introduire d'impression étrangere dans aucun lieu de notre obéissance : à la charge que ces Présentes seront enregistrées tout au long sur le Registre de la Communauté des Imprimeurs & Libraires de Paris, dans trois mois de la date d'icelles ; que l'impression dudit Ouvrage sera faite dans notre Royaume & non ailleurs, en beau papier & beaux caracteres ; que les l'Impétrans se conformeront en tout aux Réglemens de la Librairie, & notamment à celui du 10 Avril 1725, à peine de déchéance de la présente Permission ; qu'avant de l'exposer en vente, le manuscrit qui aura servi de copie à l'impression dudit Ouvrage, sera remis dans le même état où l'Approbation y aura été donnée, ès mains de notre très-cher & féal Chevalier Garde des Sceaux de France, le sieur HUE DE MIROMENIL ; qu'il en sera ensuite remis deux Exemplaires dans notre Bibliotheque publique, un dans celle de notre Château du Louvre, un dans celle de notre très-cher & féal Chevalier Chanc.Ier de France, le sieur DE MAUPEOU, & un dans celle dudit Sieur HUE DE MIROMENIL ; le tout à peine de nullité des Présentes : du contenu desquelles vous mandons & enjoignons de faire jouir lesdits Exposans, & leurs ayans causes, pleinement & paisiblement, sans souffrir qu'il leur soit fait aucun trouble ou empêchement. Voulons qu'à la copie des Présentes, qui sera imprimée tout au long, au commencement ou à la fin dudit Ouvrage, foi soit ajoutée comme à l'original. COMMANDONS au premier notre Huissier ou Sergent sur ce requis, de faire pour l'exécution d'icelles, tous actes requis & nécessaires, sans demander autre permission, & nonobstant clameur de Haro, Charte Normande, & lettres à ce contraires : car tel est notre plaisir. Donné à Paris, le huitieme jour du mois d'Octobre l'an mil sept cent soixante-dix-huit, & de notre Regne le cinquieme. Par le Roi en son Conseil.

LE BEGUE.

Registré sur le Registre XXI de la Chambre Royale & Syndicale des Libraires & Imprimeurs de Paris, No 1503, folio 21, conformément aux dispositions énoncées dans la présente Permission, & à la charge de remettre à ladite Chambre les huit exemplaires preserits par l'article CVIII du Réglement de 1723. A Paris, ce 16 Octobre 1778.

A. M. LOTTIN l'ainé, Syndic.

LA PYROTHECNIE

LA PYROTHECNIE
PRATIQUE.

PREMIÈRE PARTIE.
DES CARTOUCHES.

DIALOGUE PREMIER.
Fabrication du Carton.

1. *LE Comte.* Me voici enfin, Monsieur, de retour à la ville pour tout l'hiver, & je me rends auprès de vous, pour vous prier d'effectuer les promesses obligeantes que vous m'avez faites, de me montrer à composer des feux d'artifices : je brûle d'envie de commencer.

L'Amateur. Vous me témoignez, Monsieur, trop d'empressement, pour différer de vous satisfaire ; cependant avant toutes choses, il convient de vous prévenir que j'ai pour but de

A

ne pas embraffer toutes fes parties à la fois, &
de ne paffer à un autre objet, que lorfque vous
faurez parfaitement celui que nous aurons traité.

Les jeunes gens font d'abord curieux de tout
ce qu'on leur offre d'amufant ; mais, permettez-
moi de le dire, l'inconftance & la légéreté,
compagnes pour l'ordinaire de leur âge, les dé-
goûtent promptement, & leur font bientôt
renoncer à l'exécution de leurs projets qui s'éva-
nouiffent, & paffent auffi vîte que le feu d'une
fufée volante ; & je crains que votre ardeur ne
fe ralentiffe au premier pas.

Le Comte. Vous me furprenez, Monfieur, en
me fuppofant affez peu de réfolution, pour ne pas
perfifter dans mon projet. La patience & la bonne
volonté que vous me connoiffez, me conduiront
certainement à la fin de mon entreprife ; & loin
de me dégoûter, vous excitez encore plus mon
envie d'apprendre.

L'Amateur. Puifque vous êtes fi bien difpofé,
Monfieur, nous commencerons par la *fabrication*
du carton, qu'il n'eft pas indifférent de favoir
faire, à caufe de la difficulté de s'en procurer
dans les campagnes, de convenable aux artifices.
Les Marchands dans les grandes villes le font
exprès pour les Artificiers, ainfi vous pourrez
y avoir recours, fi vous ne jugez pas à propos
de vous en occuper.

Le Comte. Je ne ferai pas fâché, Monfieur, malgré l'indication que vous me donnez de pouvoir trouver du carton préparé, de favoir le faire moi-même dans le befoin.

2. *L'Amateur.* Les *cartouches* (c'eft le nom que l'on donne à toutes *boîtes* de carton de figure quelconque, propres à contenir la matiere combuftible des artifices), les cartouches, dis-je, fe font ordinairement avec du carton que l'on appelle en général *carte de moulage*, en 2, 3, 4, &c.

3. On le compofe avec des grandes feuilles de *fort papier gris*, que l'on colle à la broffe les unes fur les autres, depuis 2, 3, &c. jufqu'à 8 feuilles, avec une pâte de farine, de froment ou d'amidon bien cuite, mêlée d'un peu de colle forte; ou pour le mieux on les colle, ainfi que les cartouches, avec une pâte qui les rend in-combuftibles.

Elle fe fait avec une livre de l'une defdites farines, & une poignée d'*alun* en *poudre*. Lorf-qu'elle eft cuite & retirée du feu, on la mêle avec de la *terre d'argille* détrempée auffi claire, & en même volume que la pâte.

Cette recette que l'on tient des Chinois, ces Artificiers fi renommés, & fur lefquels, d'après des épreuves, on a préféré avec raifon *l'alun*, au fel commun qu'ils mettent dans cette colle;

A ij

parce qu'il ne conferve pas d'humidité ; cette
recette, dis-je, extraite d'un livre d'artifice, ne
peut être trop connue, à caufe de fa pro-
priété : j'y ajouterai feulement qu'il faut, avant
d'employer la terre d'argille, la purger du gravier & du fable qu'elle peut contenir, en la
faifant fécher au four, pour pouvoir la réduire
en poudre, & la paffer dans un tamis de foie.

4. Lorfque l'on a une certaine quantité de feuilles de carton, collées fans boffes & inégalités,
on les *empile* les unes fur les autres, dans une
preffe que l'on ferre autant qu'il faut, pour faire
étendre la colle également par-tout.

A défaut de preffe, on les met entre deux
planches ou tables bien unies, & de même grandeur que les feuilles ; & on les charge d'un poids
à pouvoir faire le même effet que la preffe.

Vous voyez, Monfieur, qu'en faifant vous-
même votre carton, vous aurez befoin d'une
preffe, qui eft toujours plus commode que des
planches. Il vous faudra auffi nombre d'*outils*
pour travailler, & différentes *machines* pour
monter & faire jouer les artifices ; mais je me
charge de vous les procurer, & de vous en donner les proportions & figures, à mefure que nous
aurons occafion d'en faire ufage.

Le Comte. Puifque vous voulez, Monfieur,
avoir cette complaifance de plus pour moi, &

fur laquelle je comptois bien, n'étant pas au fait de pouvoir guider les ouvriers, dans les proportions néceffaires aux différens outils & machines ; vous voudrez bien encore ne rien négliger , pour que le tout foit fait avec propreté & folidité.

5. *L'Amateur.* Quand les feuilles de carton ont été en preffe pendant quatre ou cinq heures, on les retire & on les met fécher féparément, en les fufpendant par les deux coins de l'un des bouts que l'on perce exprès, avec deux petits crochets doubles de fil de fer ou de laiton, à des cordes tendues dans un grenier, ou autre endroit couvert & fermé.

Si on les expofoit au grand air , en féchant trop vîte , le papier fe décolleroit, & le carton ne vaudroit plus rien, à caufe des vuides que les feuilles auroient entr'elles. Des cartouches faits avec de tel carton, font fujets à crever, parce qu'ils ne fe trouvent pas avoir la même force dans toute leur épaiffeur.

Les feuilles de carton féchées, on les remet encore en preffe pendant quelque tems, pour les bien dreffer , & leur faire perdre la courbure qu'elles pourroient avoir prife.

6. On les en retire, & on les garde pour les employer fuivant leurs différentes épaiffeurs, & le plus ou le moins de force qu'exige les pieces que l'on veut faire.   A iij

Le carton cependant le plus en ufage eft depuis deux jufqu'à cinq feuilles d'épaiffeur. On ne fe fert gueres du plus fort, que pour les cartouches des *pots à feu* & à *aigrettes*.

DIALOGUE SECOND.

Epaiffeurs des Cartouches.

7. *Le Comte.* D'après la manipulation que vous m'avez donnée, Monfieur, j'ai effayé de faire une douzaine de feuilles de carton : voyez s'il eft bon à former des cartouches.

L'Amateur. Vous êtres bien prompt, Monfieur, dans l'exécution ; je crains que vous n'ayez été un peu vîte. En effet voilà quelques feuilles un peu ridées, affez mal collées & pleines de boffes ; ce qui ne provient que de ce que vous n'avez pas bien étendu votre colle, qui, vraifemblablement, étoit ou grumuleufe ou trop épaiffe. Ce font des défauts à éviter ; cependant telles qu'elles font, nous les emploierons à faire vos effais.

8. Les cartouches fe font ordinairement de figure *cylindrique*, telle qu'un *étui*, fur une baguette de bois dur que l'on appelle *rouleau*, faite au tour & d'égale groffeur. *Planche* 1, *figure* A.

9. L'épaiffeur que l'on doit leur donner, fe

prend ou fur le diametre extérieur ou fur celui
des rouleaux ; & cela pour les *fuſées volantes*
feulement, les cartouches des autres fuſées ayant
une épaiſſeur particuliere que je vous donnerai
bientôt.

Le Comte. A partir, Monſieur, de ce principe,
je voudrois faire une fuſée volante d'un pouce
d'épaiſſeur ; combien en donnerai-je au cartouche
& au rouleau ?

L'Amateur. C'eſt entreprendre beaucoup,
Monſieur, de vouloir commencer par faire un
gros cartouche ; mais pour vous fatisfaire, je
vais vous développer ma définition, & vous la
rendre fenſible par l'exemple même que vous
me propoſez, & que je vous rappellerai fouvent
avant d'en venir à l'exécution d'une telle fuſée,
dont je vais cependant vous définir d'avance
l'effet qu'elle doit produire, afin que vous puiſ-
ſiez juger de ce qu'il y a à dire & à faire, pour
parvenir à y bien réuſſir.

10. On appelle *volante*, toute fuſée percée,
ſuivant ſa longueur, *d'un trou conique* d'une cér-
taine profondeur, & qui s'éleve dans les airs à
perte de vue, au moyen d'une *longue baguette
mince* que l'on y attache, & qui la tient toujours
la *gorge* en *bas*, en dirigeant ſa courſe, à la fin de
laquelle elle jette une infinité de petits artifices,
différens les uns des autres, tant dans leur forme

& mouvement, que dans la couleur de leur feu, & qui, au moment imprévu où on les voit paroître, font la surprise la plus agréable.

Vous desirez, Monsieur, faire une fusée volante d'un pouce, & vous me demandez l'épaisseur que doivent avoir le cartouche & le rouleau.

11. Prenez le *tiers* de ce pouce, & il fera les *deux épaisseurs* du cartouche Les *deux tiers* restans feront par conséquent l'*épaisseur* du rouleau, sur lequel vous *moulerez* votre fusée d'*un pouce.*

12. Si au contraire vous avez un rouleau, par exemple, d'*un* pouce d'*épaisseur*, & que vous vouliez faire dessus un cartouche de fusée volante, prenez la *moitié* de ce pouce, ajoutez-là à *douze lignes* (épaisseur du rouleau); ces *dix-huit lignes* feront l'*épaisseur* ou le diametre extérieur de votre fusée.

Quant à la longueur des rouleaux elle est arbitraire, & vous sentez qu'elle doit excéder de quelques pouces, celle des cartouches à mouler.

13. On dit des fusées volantes faites dans la proportion que je viens d'établir, que leurs cartouches ont un *sixieme* d'épaisseur. En effet, reprenant notre premier exemple, le *sixieme* de *douze* lignes est de *deux*, & c'est la *moitié* de l'épaisseur : l'autre *moitié* est également de *deux* lignes, les quatre (tiers du pouce & les deux

épaiſſeurs du cartouche), ajoutés aux *huit* lignes de *vuide* que laiſſe le rouleau ſur lequel il eſt formé, font le diametre de la fuſée d'*un pouce*.

Il en eſt de même du ſecond exemple. Le *ſixieme* de *dix-huit* lignes eſt de *trois*; doublez, vous en avez *ſix* (épaiſſeurs latérales du cartouche , & moitié de celle du rouleau), qui, avec les *douze* pour celle du rouleau propoſé , font une fuſée de *dix-huit* lignes de diametre extérieur, & ainſi pour toute autre fuſée volante, juſqu'à *trois* pouces.

Le Comte. Cette façon d'opérer , Monſieur, pour avoir l'épaiſſeur des cartouches & des fuſées volantes eſt bien ſenſible ; mais n'y auroit-il pas un moyen plus ſimple encore de fixer cette épaiſſeur ?

14. *L'Amateur.* Vous le voyez, Monſieur, par les deux exemples qui reviennent à dire que l'on doit toujours prendre la *moitié* de l'épaiſſeur des rouleaux, ou, ce qui eſt la même choſe, le *tiers* du diametre extérieur des fuſées, pour en former leurs *épaiſſeurs* latérales.

Il y a cependant des Artificiers qui ne donnent à leurs cartouches que la *huitieme* partie du diametre de la fuſée, juſqu'à une certaine groſſeur ; mais cette épaiſſeur eſt ſouvent trop foible, pour pouvoir réſiſter à l'effort du feu de la compoſition, ſur-tout quand elle eſt vive.

Pour moi je fais toujours mes cartouches d'un sixieme d'épaisseur de la fusée, & cela me réussit bien.

Cette regle doit être suivie, ainsi qu'il a été dit, depuis la plus petite fusée volante de *six* lignes, jusqu'à celle de *trois* pouces; mais je n'entreprendrai pas de vous parler de cette derniere, parce qu'il est rare qu'un particulier fasse des fusées de cette espece, elles sont trop dispendieuses. Avec la quantité de composition pour les charger, & le volume de garniture qu'il leur faut, on peut faire quelques douzaines de fusées de moindre calibre, qui amuseront & dureront davantage.

Une grosse fusée est presqu'aussi-tôt brûlée qu'une moyenne : elle a, à la vérité, cette avantage sur celle-ci, de monter beaucoup plus haut; de jetter une plus grosse & plus longue queue de feu, & à la fin de son vol, une plus grande abondance de garniture. Laissons de telles fusées à faire aux gens de l'art, & contentons-nous pour nos plus grosses de celles de deux pouces, qui sont très belles & très brillantes; encore doit-on se borner à n'en faire que quelque-unes par hasard; car elles ne laissent pas d'être coûteuses.

Le Comte. Vous m'avez parlé, Monsieur, d'une autre sorte de cartouche, dont l'épaisseur n'est pas la même que celle des fusées volantes,

& comme je vous fuis attentivement, je n'ai pas perdu de vue la diſtinction que vous en avez faite.

L'Amateur. Si vous continuez, Monſieur, à réfléchir fur votre ouvrage, comme vous commencez, avec de la perſévérance, vous le conduirez ſûrement à ſa perfection.

15. L'épaiſſeur des cartouches deſtinés à faire des *jets* ou *gerbes de feu* (on appelle ainſi les fuſées que l'on charge en *maſſif*, & que l'on monte fur des *machines*, pour en faire des *ſoleils tournans* ou *fixes* ou autres pieces *fixes* & mobiles, comme *aigrettes, étoiles, fontaines, caſcades, napes de feu, girandoles,* &c.); l'épaiſſeur des jets, dis-je, n'eſt pas la même que pour les fuſées volantes, ainſi que je m'étois réſervé de vous le dire.

16. Ici c'eſt l'épaiſſeur des rouleaux ſeulement qui détermine celle des cartouches : juſqu'à fix lignes de diamettre intérieur des fuſées, on prend le *tiers* de l'épaiſſeur des rouleaux pour celle des cartouches, & la *moitié* au-delà de cette groſſeur ; enſorte que l'une devient le *cinquieme*, & l'autre le *quart* du diametre extérieur des *jets.*

17. Par exemple, dans le premier cas, le *tiers* d'un rouleau de *fix* lignes de gros eſt *deux*; les *quatre* lignes (épaiſſeurs latérales du cartouche), ajoutées aux *fix* du rouleau, font le cartouche de *dix* lignes d'épaiſſeur, dont le *cinquieme* eſt *deux.*

18. Dans le fecond cas, la *moitié* d'un rouleau de *neuf* lignes d'épaiffeur eft de *quatre* & *demi* ; les neuf lignes (épaiffeurs latérales du cartouche), doublées avec les *neuf* du rouleau, donnent un cartouche de *dix-huit* lignes de diametre, dont le *quart* eft *quatre* & *demi*.

Le Comte. Cette regle, Monfieur, eft bien différente de la premiere ; mais pourquoi donnez-vous aux cartouches des jets de feu, plus d'épaiffeur qu'à ceux des fufées volantes ?

L'Amateur. Comme vous ne connoiffez pas encore, Monfieur, l'effet que produifent les matieres combuftibles quel'on emploie dans les compofitions des feux d'artifices, je ne fuis pas furpris de votre queftion. Lorfque nous en ferons au chargement des jets, je fatisferai à votre demande.

19. Il réfulte des deux fortes d'épaiffeurs de cartouches que je viens de vous prefcrire, que quand ont dit une fufée volante d'*un* pouce, de *dix-huit* lignes, &c. ou un jet de feu de *fix*, de *neuf* lignes, &c. c'eft du diametre *extérieur* de l'une, & de l'*intérieur* de l'autre dont on entend parler ; ou pour mieux dire, les unes fe comptent toujours par leur diametre *extérieur*, & les autres au contraire par leur vuide *intérieur*, ainfi que je crois vous l'avoir démontré.

DIALOGUE TROISIEME.

Longueurs des Cartouches des fusées volantes, & des Jets ou Gerbes de feu.

20. LE *Comte.* J'entends parfaitement, Monsieur, la regle que vous m'avez donnée pour les diffé-rentes épaisseurs des cartouches des fusées vo-lantes & des jets de feu; mais si je savois leurs longueurs, je crois que j'en ferois bien quelques-uns; car il me tarde d'en être là.

L'Amateur. Il me semble, Monsieur, par votre vivacité que vous voudriez déjà entendre péter le salpêtre & la poudre; cela, j'en conviens, vous amuseroit davantage, & seroit plus ana-logue à votre âge & à votre état de Militaire: mais nous en sommes encore éloignés, & à peine entrons nous en lice, que la patience vous échappe.

21. La longueur des cartouches (je parle pour les fusées volantes), se prend sur l'épaisseur même de la fusée que l'on veut faire.

Pour avoir cette longueur, il faut compter les lignes de grosseur des fusées, comme autant de pouces, & prendre toujours la *moitié* de ces pouces pour la *longueur* des cartouches; ou ce qui revient au même, on leur donne de longueur *six fois* leur épaisseur, & quelques lignes en sus.

Je vais reprendre encore nos deux exemples de fusées d'un pouce, & de dix-huit lignes de grosseur, pour me faire mieux entendre.

Je regarde la fusée d'un pouce, comme si elle avoit un pied de grosseur. J'en prends *six* pouces & un peu plus, & voilà la *longueur* de mon cartouche, & *six fois* sa grosseur, non compris l'un peu plus.

De même, en supposant la fusée de dix-huit lignes avoir dix-huit pouces de grosseur, je donne un peu plus de *neuf* pouces de longueur au cartouche, ce qui est aussi *six fois* sa grosseur, abstraction faite de quelques lignes en sus; & ainsi pour tous les cartouches de fusées volantes, jusqu'à trois pouces de diametre.

22. La longueur des cartouches des jets de feu, est communément de *six* pouces pour les *soleils tournans* & autres pieces *fixes* & *mobiles*; & de *neuf* & *douze* pouces pour les *aigrettes*, *galeries de feu* & autres. On en fait encore de plus longs, dont nous parlerons en leur tems.

Le Comte. Pourquoi faut-il donc, Monsieur, donner de longueur aux cartouches des fusées volantes, un peu plus de six fois leur épaisseur; puisque vous venez de dire que pour avoir cette longueur, on doit regarder leur épaisseur comme autant de pouces, & en prendre la moitié pour leur longueur? Cela me paroît contradictoire.

L'Amateur. Vous êtes, Monfieur, trop pénétrant ; cependant pour lever votre difficulté
apparente, je vous dirai que les quelques lignes
de longueur de plus que la moitié en pouces
de l'épaiffeur des fufées, que j'exige aux cartouches, font néceffaires pour finir les fufées ;
quoiqu'elles n'aient pas même en hauteur, fix
fois leur épaiffeur, lorfqu'elles font entierement
finies & fermées, ainfi que je vous le ferai obferver, quand nous en ferons à leur chargement :
mais il vaut mieux pêcher par trop que par
moins de longueur ; on en eft quitte, quand les
fufées font faites , pour couper l'excédent du
carton.

DIALOGUE QUATRIEME.
Moulage des Cartouches.

23. *Le Comte.* Il y a long-tems, Monfieur, que
j'attendois le moment de pouvoir mettre en œuvre les mauvaifes feuilles de carton que j'ai faites.

L'Amateur. Vous n'en ferez pas quitte, Monfieur, dans cette féance pour travailler feul,
comme vous avez fait de votre carton ; car je
compte vous conduire moi-même, en vous faifant opérer fous mes yeux.

Le Comte. Je ferai très-charmé, Monfieur, que

vous me guidiez dans la formation des cartouches.

L'Amateur. Les cartouches que vous defirez
tant de faire ne vous réuffiront pas, Monfieur,
du premier coup. Leur formation n'eft pas auffi
aifée que vous l'imaginez, fur-tout pour un
commençant, & c'eft ici où je vous attends pour
exercer votre adreffe.

Le Comte. Je conviens, Monfieur, de mon in-
fuffifance; auffi ne ferai-je que ce que vous me
prefcrirez.

L'Amateur. Avant d'entreprendre, Monfieur,
de former de bons cartouches, effayons d'en
rouler quelques-uns à fec. La pratique & l'ufage
des chofes les rendent plus fenfibles qu'à la
théorie.

24. Prenez le rouleau de la fufée d'un pouce;
car je ne perds pas de vue votre exemple: frottez-le de favon fec, afin qu'il puiffe fortir librement du cartouche, lorfque ce dernier eft moulé
(vous en uferez de même pour tous les rouleaux,
ou autres pieces fervant à modeler), & fur une
table unie & folide, appliquez ce rouleau fur
l'un des bouts d'une bande de carton de longueur indéterminée; renverfez ce bout par-deffus
le rouleau (*pl.* 1, *fig.* B,), & roulez ferme &
droit jufqu'au bout.

Dans cet état, pour ferrer le carton fur le
rouleau,

rouleau, poſez le tout ſur le bord de la table, & avec une planche bien liſſe, d'un pouce d'épaiſ-ſeur, & d'environ deux pieds de longueur, ſur huit à neuf pouces de largeur, & que j'appelle *planche à rouler* ou *varlope*, parce qu'elle porte à un bout une poignée en demi-cercle, & un gros bouton de l'autre (*pl.* 1, *fig.* C); roulez votre cartouche à pluſieurs repriſes, le long du bord de la table, en appuyant ferme & égale-ment ſur la varlope que vous tiendrez d'une main, & que vous conduirez de l'autre par le bouton, pour que le cartouche ne ſoit pas plus ſerré d'un bout que de l'autre.

Le Comte. Cette manutention, Monſieur, me donne bien la façon de mouler les cartouches; mais vous ne me dites pas la longueur que doit avoir le carton, pour former leur épaiſſeur.

L'Amateur. Oh! pour le coup, M. le Comte, vous êtes trop vif: rappellez-vous donc que ceci n'eſt qu'un eſſai. Il s'en faut encore de beau-coup que votre cartouche ſoit fini; & il falloit, avant de vous dire ce que vous demandez, vous faire voir comment on forme les cartouches, pour vous mettre en état de fixer la longueur du carton, néceſſaire à telle ou telle épaiſſeur de fuſée.

25. Le carton ſe coupe à l'équerre de longueur & hauteur convenable: vous ſavez la hauteur

B

que l'on donne aux cartouches, & la groſſeur des rouleaux pour chaque eſpece de fuſées, ainſi vous vous y réglerez. Il s'agit de vous indiquer ici la longueur des bandes de carton.

26. De votre cartouche entjerement roulé, retirez le rouleau un peu au-deſſous de l'un des bouts du carton, & avec un compas de proportion à pointes courbées, prenez librement l'épaiſſeur du cartouche, ſur un peu plus du recouvrement du dedans en dehors.

Portez l'ouverture du compas ſur un pied de Roi, & voyez ſi elle eſt d'un pouce de groſſeur; ſi elle eſt trop forte, dédoublez du carton, où augmentez ſi elle eſt trop foible ; mais toujours de façon qu'il y ait un petit recouvrement avec la révolution extérieure & l'intérieure du carton, ſans quoi le cartouche ſeroit plus épais dans une partie que dans l'autre.

Le Comte. Il faut donc, Monſieur, toutes les fois que l'on veut faire des cartouches, chercher la longueur du carton pour le couper? Cette opération me paroît ſinguliere.

L'Amateur. En vérité, Monſieur, je ne vous reconnois plus: vous voulez tout ſavoir à la fois, c'eſt le moyen de ne rien ſavoir.

27. Comme de l'épaiſſeur du carton dépend la longueur du roulement, le pouce d'épaiſſeur que vous cherchez au compas, une fois trouvé,

coupez l'excédent de la bande de carton, dé-
roulez-la, & établissez sa longueur sur une
feuille de carton de même épaisseur que celui
que vous voulez employer, ou gardez cette
bande pour en couper dessus autant d'autres
que vous vous proposez de faire de cartouches.
Observez la même chose pour tous les calibres
que vous avez, & marquez vos patrons du nom
de chaque espece de fusées, pour ne pas vous y
tromper: par ce moyen, vous ne tâtonnerez
qu'une seule fois, la longueur de vos bandes de
carton.

Le Comte. Je vois, Monsieur, par cet exposé,
que l'opération à faire, pour trouver la longueur
convenable des bandes de carton, à chaque
grosseur de fusées, est plus simple que je ne penfois; puisqu'au moyen des modeles, on ne cher-
che les longueurs qu'une seule fois.

L'Amateur. Puisque vous entendez, Monsieur,
ma façon d'opérer, continuons notre moulage,
ou pour mieux dire, commençons-le.

Je vous ai d'abord fait rouler à sec une bande
de carton de longueur indéterminée; maintenant
que vos longueurs sont réglées pour les différentes épaisseurs de cartouches, il est question de
coller d'un bout à l'autre une bande de carton,
pour en former un bon cartouche d'un pouce.

18. Reprenez votre rouleau, frottez-le encore
B ij

de favon, & pofez-le fur votre bande de carton.
Renverfez-là un peu avant par-deffus (*pl.* 1,
fig. D), & paffez-y de la colle, en obfervant
de n'en pas mettre au rouleau, parce qu'il s'at-
tacheroit au carton, & en le retirant il le déchi-
reroit immanquablement.

Reportez votre rouleau fur le bord de la
carte (*pl.* 1, *fig.* B), ferrez-la bien des deux
mains, en roulant ferme & droit, jufqu'à ce que
le rouleau foit entierement couvert ; alors en
tenant le tout d'une main, collez de l'autre le
refte de la bande à deux pouces près environ
de l'autre bout; roulez entierement ferme &
droit, je le répete, fans quoi le cartouche par
fes inégales révolutions , reffembleroit à une
vis ou *reffort* de fil de fer en forme de *tire-bouchon*;
& il faudroit dérouler le carton qui s'écorcheroit
étant imbibé de colle.

Votre cartouche entierement roulé, enveloppez-le dans une feuille de gros parchemin,
de longueur à pouvoir le contenir au moins deux
fois. Cette opération que j'ai imaginée (car je ne
crois pas que les Artificiers aient cette pratique),
fert à faire mieux prendre la colle, & à joindre
le carton, en ferrant davantage le cartouche,
qui, étant fouvent pénétré par l'humidité de la
colle, pourroit fe défigurer, s'il n'étoit contenu
dans cette feuille de parchemin.

Dans cette enveloppe, roulez votre cartouche à plusieurs reprises avec la varlope, comme vous venez de faire sur votre essai ; mais avec cette précaution de ne pas trop le serrer, parce que vous auriez peine à retirer le rouleau, qui, se trouvant trop adhérent au cartouche, pourroit en sortant, entraîner avec soi le bout intérieur du carton.

Le Comte. Vous m'avez dit, Monsieur, de ne pas coller le dernier tour du carton ; il y a donc une opération particuliere à faire pour l'arrêter ?

L'Amateur. Les cartouches pourroient absolument, Monsieur, se finir du premier coup ; mais pour plus de propreté, comme le carton est souvent taché de colle, on les pare de la maniere suivante.

29. Lorsque vous croyez votre cartouche suffisamment roulé, ôtez le parchemin & collez le reste du carton ; mettez-y à un pouce de profondeur une bande de papier gris, de même hauteur que le cartouche, & qui fasse au moins deux tours, & collez-là en entier avec de la colle faite de farine seulement (celle à la terre grasse ne convenant qu'aux cartouches, il faut employer de cette premiere pour tous les autres ouvrages) ; roulez à la main, & passez encore légérement la varlope.

Cette feuille sert de ligature, retient le reste

de la carte, & finit le cartouche : tirez-le, &
pour peu qu'il tienne, mettez-le dans un linge,
fans trop le ferrer, & faites fortir le rouleau.

30. Si une feule bande de carton ne fuffit pas,
pour former l'épaiffeur de vos cartouches, lorfqu'elle eft prefque roulée (*pl.* 1, *fig.* E 1), ajoutez un fupplément 2, en mettant l'un de fes
bouts *a* fur le premier fait *b* ; collez & roulez
avec le parchemin & la varlope, & mettez toujours à la fin la feuille de ligature.

Il y a des Artificiers, fur-tout ceux qui roulent de ville en ville, qui ne font leurs cartouches
qu'avec du papier, & qui ne collent que la derniere révolution; auffi voit-on fouvent crever
leurs fufées, à leur honte & confufion.

Comme la plupart de ces coureurs ne trouvent pas par-tout de la carte de moulage, &
que d'ailleurs ils ne peuvent fe donner le tems
de laiffer fécher leurs cartouches, par le befoin
où ils font de donner, prefqu'auffi-tôt arrivés
dans une ville, un feu d'artifice qu'ils exécutent
dans un lieu couvert & fermé, afin de pouvoir
faire payer tous les fpectateurs, & fe procurer
par-là de quoi vivre, il n'eft pas étonnant qu'ils
agiffent ainfi ; ils vont même jufqu'à blâmer
ceux qui collent les cartouches, & à méprifer
dans les autres ce qu'ils ignorent eux-mêmes.

De tels gens n'ont tout au plus que le nom

d'Artificiers; & je ferois tenté de croire qu'ils n'ont jamais été que les domeſtiques de ceux-ci. Leur conduite, pour l'ordinaire, ne le prouve que trop; car il eſt rare qu'ils ne faſſent des dupes par-tout où ils paſſent; en un mot, de tels gens aviliſſent & dégradent la Pyrothecnie.

Comme vous êtes bon, Monſieur, j'ai cru devoir vous prévenir contre ces coureurs, pour que vous ne vous y laiſſiez pas attraper.

Le Comte. Votre obſervation, Monſieur, eſt bien juſte, & nous n'avons que-trop éprouvé dans notre campagne, ce dont vous me préve-nez ici; car mon pere a quelquefois retenu de ces paſſans, & en a toujours été mécontent, quoiqu'il les ait bien traités.

L'Amateur. Il n'en eſt pas de même, Monſieur, des habiles Artificiers, domiciliés & attachés aux villes; ils profeſſent leur état avec trop d'honneur, pour chercher à tromper perſonne. Je crois qu'ils préférent toujours le collage des cartouches, parce qu'ils ſont plus forts avec du carton, ſur-tout étant moulés à la colle de fa-rine, mêlée d'argille; mais continuons notre ouvrage.

3¹ Lorſque l'on a fait un certain nombre de cartouches, on les ébarbe, c'eſt-à-dire, on coupe avec des ciſeaux les petites inégalités ou bavures des bouts, en tenant le rouleau à fleur

du dedans; & on les laisse sécher à l'ombre, en
les rangeant sur une table à côté les uns des autres, sans qu'il se touchent. On les retourne de
tems en tems, pour qu'ils ne séchent pas plus
vîte d'un côté que de l'autre, & qu'ils se tour-
mentent moins.

32. On peut cependant, lorsqu'on est pressé,
se dispenser de coller les cartouches, pourvu
toutefois qu'on les fasse avec du carton doux
& flexible. On se contente alors de coller la
premiere & derniere révolution, en ajoutant
toujours à celle-ci la bande de papier collé pour
ligature : ils en sont toujours plutôt secs, & plus
prêts à être chargés, mais moins sûrs.

Cette derniere façon convient mieux aux
Artificiers de profession, qu'à un particulier qui
peut disposer de son tems, & faire d'avance, en
s'amusant, quelques douzaines de cartouches de
différens calibres, qu'il colle & laisse sécher,
pour s'en servir quand la fantaisie lui prend, ou
que l'occasion se présente de faire quelques
pieces d'artifices, pour s'en divertir avec ses
amis.

Vous pourrez, Monsieur, lorsque vous serez
au fait des artifices, adopter celle des deux fa-
çons qui vous plaira davantage : pour moi, je
m'en tiens au collage, & j'ai toujours des pierres
d'attente.

Le Comte. Si par hasard, Monsieur, les cartouches, en les moulant, avoient quelques lignes de plus d'épaisseur que la regle; pourroit-on s'en servir ?

L'Amateur. Il faut, Monsieur, autant que l'on peut, exactement observer les grosseurs ci-devant prescrites, sur-tout lorsque les cartouches doivent être chargés dans un *moule ;* cependant s'ils se trouvoient avoir deux ou trois lignes de plus d'épaisseur, cela ne les empêcheroit pas de servir & de bien réussir ; au lieu que si on leur donnoit quelques lignes de moins que la regle, ils pourroient bien crever à la charge ou en prenant feu, ainsi que je l'ai vu souvent arriver.

Le Comte. je me rappelle, Monsieur, qu'étant au Collège, je faisois avec mes camarades des petites fusées qui nous amusoient beaucoup. Nos récréations se passoient souvent à nous déclarer une petite guerre sanglante ; car les uns se brûloient les doigts, les autres les cheveux, & tous abandonnoient le champ de bataille, faute de munitions, & y laissoient toujours quelques lambeaux de leurs manchettes, seuls signes de leur victoire. Ces dépouilles, vous pensez, n'étoient pas du goût de nos parens.

L'Amateur. J'en ai fait autant que vous, Monsieur, dans ma jeunesse ; car il y a peu d'écoliers qui ne mettent de préférence, l'argent de leurs menus plaifirs, à cette forte d'amufement.

Comme ces petites fufées dont vous parlez, font d'un grand ufage dans les feux d'artifices, la façon de les bien faire n'eft pas à négliger.

33. Les cartouches de ces fufées que l'on appelle *vétilles* ou *ferpenteaux*, à caufe de leur mouvement irrégulier, fe font avec des *cartes à jouer* que l'on trempe dans l'eau en paquets, pour leur faire perdre leur reffort, & que l'ont fait fécher avant de s'en fervir, en les étendant en moindre volume.

Le rouleau pour ces petites cartouches, eft ordinairement de *fer* ou de *cuivre*, & de trois lignes & demie de diametre. Une feule carte fuffit pour les former, foit qu'on la roule fur fa hauteur ou en travers; car on en fait des uns & des autres, dont vous verrez l'ufage ci-après.

34. On les moule à la colle fur la table, comme les gros cartouches, avec cette différence qu'on ne les enveloppe pas dans la feuille de parchemin; qu'on les fait devant foi & affis, & qu'on y ajoute, auffi-tôt roulés, une bande de papier blanc auffi collé, & de même grandeur que la carte; quoique bien des perfonnes ne fe donnent pas la peine de les coller: elles fe contentent de mettre une lifiere de colle fur le dernier bout du papier; mais j'ai éprouvé, en les collant en entier, qu'ils réfiftoient davantage à

l'explosion de la poudre grainée qui en fait le pétard.

On les serre légérement à mesure qu'on les fait, ou avec la main, ou d'un seul coup pour moins de fatigue, avec une petite *varlope* de quatre pouces de largeur, sur sept à huit de longueur, & de neuf lignes d'épaisseur, portant une poignée en demi-cercle. *Pl.* 1, *fig.* F.

. 35. On fait aussi d'autres serpenteaux de trois cartes collées & roulées les unes après les autres, sur un rouleau de quatre lignes & demie de diametre; & on les arrête de même avec la bande de papier collé.

On moule encore des cartouches de ce dernier calibre, sur le travers d'une seule carte, & on la colle & arrête comme les précédentes. Nous en parlerons aussi plus loin.

Les serpentaux s'emploient en si grande quantité, tant dans les fusées volantes, que dans les pots à feu, &c. qu'il faut, lorsqu'on est après, en faire tout de suite de chaque espece, sept à huit grosses & plus. Cet ouvrage, quand on y est usager, va très-vîte: j'en ai quelquefois, mes matériaux préparés, moulé plus de cent douzaines dans un jour, même en les collant.

Le Comte. J'ai vu, Monsieur, à toutes les pieces du feu d'artifice que vous nous avez donné, de longs tuyaux semblables à ceux des pipes, au bout

defquels vous mettiez le feu, & auffi tôt ces
pieces étoient en mouvement : il y en avoit auffi
d'autres qui embraffoient une infinité de petites
fufées, qui, dès que vous y eûtes préfenté le
feu, nous tracerent une illumination fymmétrifée
très-éclatante, mais qui dura trop peu au regret
de toute l'affemblée, qui ne pouvoit fe laffer
d'en admirer la beauté, & de témoigner fa furprife d'un effet auffi prompt & auffi inattendu.
Comment fait-on donc ces tuyaux ?

36. *L'Amateur.* Ces cartouches que l'on appelle
portes-feux, fe font, Monfieur, avec *trois* révolutions d'une bande de papier blanc, autant
longue que l'on peut, fur une baguette de fer
de deux lignes & demie de diametre, & de dix-
huit à vingt pouces de long.

37. Rangez fur une table une certaine quantité de bandes les unes fur les autres, à un tiers
à peu-près de diftance de chaque bord, &
paffez de la colle fur ce tiers : prenez une de ces
bandes, pofez la baguette fur le bout fec du papier, & renverfez-le un peu avant par-deffus ;
roulez droit jufqu'au bout fans trop ferrer, &
tirez le cartouche ; continuez, &c.

38. On moule encore deux autres fortes de
cartouches, avec cinq révolutions de bandes de
papier blanc. Les uns qui fe font de dix à douze
pouces de longueur, fur un rouleau de quatre

lignes & demie de diamettre, & de douze à quinze pouces de long , s'appellent *lances à feu*, & les autres qui se moulent de la longueur des serpenteaux , & sur leur rouleau de trois lignes & demie, se nomment *lances d'illuminations*. (Ce font les petites fusées dont vous venez de parler).

39. On colle ces deux especes de cartouches, à mesure qu'on les fait , en renversant de même le papier un peu avant sur le rouleau ; & après un demi-tour à sec , on colle le reste de la bande, & on roule sans trop serrer. On les ferme à l'un des bouts, en le remployant sur le rouleau, & on l'applatit en le frappant sur la table ; on l'ôte & on laisse sécher.

40. On fait aussi des petits cartouches pour la *pluie* de *feu* des fusées volantes , avec la *moitié* d'une carte à jouer que l'on roule en *travers*, sur une *broche* de *fer* de deux lignes & demie de diametre , en y ajoutant une bande de papier pour ligature, & de même grandeur ; mais un peu plus haute , afin de les fermer comme les précédens.

On peut encore les employer pour des serpenteaux , mais alors on ne doit pas laisser excéder la ligature de papier.

41. Ces cartouches se font volontiers de papier pour la pluie de feu ; mais je préfere d'y mettre deux révolutions de carte , parce qu'ils se soutiennent mieux en les chargeant.

DIALOGUE CINQUIEME.

Étranglement des Cartouches.

42. L'AMATEUR. Les cartouches dés fusées volantes & des jets de feu, ne s'étranglent qu'à un
seul bout; il y en a d'autres qui le font aux deux
bouts; d'autres à un bout & au milieu; & d'autres, point du tout. (Nous parlerons ailleurs de
tous ces derniers.)

Le Comte. Quand les cartouches font secs, que
fait-on donc, Monsieur, pour leur donner la
figure que je vois à ceux que vous avez-là, &
à quoi fert cette ficelle autour?

L'Amateur. Que vous êtes donc preffé, Monsieur, nous ne finirons jamais notre tâche, si
vous ne modérez votre vivacité; cependant
j'aime à vous voir réfléchir fur votre ouvrage,
cela annonce que vous y prenez goût de plus en
plus.

Le Comte. N'en doutez pas, Monsieur, je m'a-
muse beaucoup plus avec vous, que je ne ferois
dans une nombreuse assemblée, où il faut être
toujours compofé & fur la défensive de fa bourse;
car vous le favez, on y est mal reçu si on ne
joue gros jeu, & si on ne fait perdre de même.

L'Amateur. Je n'en attendois pas moins, Mon-

ſieur, de votre politeſſe & de votre complaiſance ; & je vous loue beaucoup de ne pas vous
laiſſer dominer par la paſſion du jeu : elle désho-
nore l'homme, l'avilit & le réduit ſouvent à
rien.

La dépenſe que vous ferez pour les artifices,
ſi vous vous modérez, n'eſt pas à comparer à
la plus petite perte du jeu. On ne brûle pas tous
les jours de la poudre & du ſalpêtre, parce qu'il
faut un certain tems pour les préparer, & des
occaſions pour s'en faire honneur ; au lieu que
l'on joue tous les jours, pour courir après ce
que l'on a perdu, & tous les jours on augmente
ſa ruine ; mais treve aux réflexions, revenons à
notre ſujet.

43. On ne doit pas, Monſieur, laiſſer entierement ſécher les cartouches, pour leur donner la
figure que vous demandez, & que l'on appelle
étranglement ; s'ils ſont trop ſecs, on n'y parvient qu'avec peine ; ou trop mols, on les déchire ; il faut les prendre à peu-près à *moitié* ſecs.

Pour cette opération prenez une corde cablée,
nommée *filagore* par les Artificiers, de la longueur de trois à quatre braſſes, & de groſſeur
proportionnée aux cartouches : faites une boucle
à l'un des bouts, & roulez à demeure une partie
de l'autre, ſur un fort *bâton* d'environ dix-huit
pouces de long.

Viſſez à une partie de bois ſolide quelconque, & à la hauteur de trois à quatre pieds, un fort *crochet* de *fer* ou *tire-fond*, ouvert à *vis* en *bois*, & paſſez-y cette boucle; frottez la ficelle de ſavon ſec, depuis le nœud de la boucle, juſqu'à la moitié de ſa longueur, & mettez-vous à *cheval* deſſus, en vous appuyant un peu ſur le bâton.

Le Comte. Voici, Monſieur, un manége tout nouveau pour moi. Ne faudroit-il pas bientôt voltiger, & monter le cheval en liberté ? Cet exercice ne me paroît pas auſſi dangereux ; & ce qui me raſſure, c'eſt que mon maître d'Acadé-mie eſt bon Ecuyer, & que mon cheval ne me coûtera ni foin ni avoine ; avec un morceau de ſavon, je le nourrirai long-tems.

L'Amateur. Vous plaiſantez joliment, Mon-ſieur, mais bride en main : prenez votre cartou-che d'un pouce ; mettez dedans la *premiere* ba-guette à *charger*, & marquez avec l'ongle ſur le bout du cartouche, la hauteur de la demie *boule* de la *broche* de *fer* qui lui eſt propre (je vous ferai connoître plus loin les proportions des ba-guettes à charger, & des broches & pointes des fuſées); poſez le cartouche ſur ſa filagore, un peu au-delà de votre marque, & renverſez la ficelle par-deſſus, en vous avançant ſans la lâcher d'entre les jambes ; (pour plus de facilité

à

à étrangler les gros cartouches, on fait deux tours de filagore.)

Introduifez la broche dans le cartouche, de façon que la demie boule foit entierement à fleur du dedans, & retirez affez la baguette pour qu'elle laiffe du *vuide* fous le tour de ficelle : tenez d'une main le cartouche, & de l'autre la broche, afin qu'elle ne fôrte pas; & en vous reculant un peu, ferrez d'abord légérement, en roulant & montant le cartouche jufqu'à la boucle, & le defcendant auffi en roulant fucceffivement, & ferrant davantage & toujours droit.

C'eft-là le manege, mais ne vous renverfez pas trop fur la felle de votre cheval; s'il fe mettoit en liberté, ce qui arrive quelquefois, vous fe-riez la voltige, & vous pourriez tomber fur le dos & vous bleffer. Pour prévenir cet accident, on tièn la jambe droite un peu en arriere, pour avoir un point d'appui : vous n'avez certaine-ment pas, Monfieur, reçu de pareils principes pendant votre académie.

Le Comte. Vous me rendez bien le change, Monfieur, de ma plaifanterie. La vôtre tourne encore à mon profit; car vous me prevenez du danger à éviter, où il prendroit fantaifie à mon cheval de faire bande à part avec moi.

L'Amateur. Lorfque la filagore a enfoncé le carton par la marche que vous lui avez fait

C

faire, & que la broche tient dans le trou, il faut
retirer celle-ci de plus de moitié, & ferrer encore l'étranglement que je suppose avoir été fait
droit ; autrement le cartouche se trouveroit trop
court, & ne feroit plus bon à rien.

44. Otez alors la filagore, la broche & la
baguette, & arrêtez l'étranglement avec *cinq*
boucles de petite ficelle à *nœuds coulans*, appellés
le nœud de l'Artificier, qui se fait le *premier* bout
de la *boucle* en *deffus*, & *l'autre* en *deffous*. On en
met au moins *quatre* pour les petits cartouches,
& plus pour les autres : on les ferre l'un après
l'autre, & on coupe la ficelle à quelques lignes
près des nœuds. *Pl.* 1, *fig.* G, *a*.

Cette ficelle, comme vous voyez, Monfieur,
fert à retenir le reffort du carton, & empêche
l'étranglement de se relâcher.

Le Comte. Je vois maintenant, Monfieur,
l'utilité de ces tours de ficelle ; mais pourquoi
refferre-t-on ainfi l'ouverture des fufées ? C'eft
fans doute par ce trou que doit fortir le feu ?

L'Amateur. Rien n'échappe, Monfieur, à votre
pénétration, & vous avez raifon de penfer que
le feu fort par le trou de l'étranglement des cartouches, car il en devient la *lumiere* ; mais il n'eft
pas encore tems de réfoudre cette queftion.

45. Votre cartouche étant étranglé & lié,
remettez la baguette & la broche dedans,

& frappez légérement fur la baguette, afin d'arrondir la *gorge* du cartouche, & de lui faire prendre la forme du *bonton* de fa broche, lequel lui donne à peu près la figure de l'embouchure d'un *Serpent* d'Eglife ou d'une petite *écuelle* : retirez fa broche, & en tenant le cartouche d'une main, donnez encore de l'autre quelques petits coups de maillet fur la baguette, pour effacer les plis du carton autour de l'étranglement ; (on fait les mêmes opérations pour étrangler & nouer les autres calibres de cartouches, avec les *broches* & *pointes* de *fer* qui leur conviennent.)

Les cartouches ainfi finis, on les laiffe fécher à fait ; car fi on les chargeoit auffi-tôt étranglés, ils fe furbaifferoient fur le nœud de l'étranglement, & ils feroient perdus.

Le Comté. Et les cartouches des gros & petits ferpentaux, faits de la longueur & du travers des cartes ; comment s'étranglent-ils, Monfieur ?

46. *L'Amateur.* Lorfqu'ils font ébarbés & à peu près fecs, on les étrangle comme les précédens, le rouleau dedans, à quelques lignes près du bout ; mais de fuite & à la main, avec une petite ficelle cablée, roulée d'un bout fur un petit bâton, & arrêtée de l'autre par une boucle, à un crochet à vis en bois, placé de hauteur à pouvoir s'en fervir étant affis devant, en obfervant de les fermer, autant que l'on peut ; après

quoi on arrête l'étranglement avec quatre ou cinq boucles de bon fil du nœud de l'Artificier, que l'on ne coupe que quand on les a tous noués, comme un grand chapelet.

DIALOGUE SIXIEME.

Moulage des pots & chapitaux des fusées volantes.

47. *L'AMATEUR.* Nous nous sommes occupés jusqu'à présent, Monsieur, de la maniere de faire des cartouches & de les étrangler ; mais cela ne suffit pas, il faut encore savoir mouler ceux propres à contenir les garnitures des fusées volantes.

Le Comte. Votre conversation m'intéresse trop, Monsieur, pour ne pas la suivre avec une nouvelle attention.

48. *L'Amateur.* Ces cartouches que l'on appelle *pots* ou *gobelets*, se font, Monsieur, avec des bandes de mince papier gris, coupées les unes de trois, & les autres de quatre pouces & demi de hauteur, & toujours de longueur à pouvoir faire autour des moules sur lesquels on les forme, *quatre* révolutions pour les grosses fusées, & *trois* pour les moyenes & les petites, en y ajoutant quelques lignes pour le recouvrement.

49. On donne à ces *moules* que l'on fait de bois

léger, *deux* figures cylindriques, d'inégales longueurs & groffeurs : la premiere doit avoir quatre pouces & demi de long , & de groffeur environ deux fois moins un quart, celle des cartouches : la feconde de deux pouces de long, &
un peu moins de groffeur que les fufées : on abat
& on arrondit en mourant, de la forme d'un cul
de verre à boire, l'arrête du bas du grand cylindre, jufqu'au diametre du petit. *Pl.* 1 , *fig.* H.

Ainfi , Monfieur, en fuivant toujours votre
exemple de fufée d'un pouce, *le moule à pot* pour
ce calibre , aura dans fa partie de quatre pouces
& demi de long, vingt-une lignes d'épaiffeur ,
& onze lignes dans celle de deux pouces, & ainfi
pour d'autres calibres.

Le Comte. Mais , Monfieur, fi les cartouches
ont deux ou trois lignes de plus d'épaiffeur que
la regle, ils ne pourront pas entrer dans le trou
du petit cylindre des pots; car je prévois que c'eft
ainfi qu'on les ajufte.

50. *L'Amateur.* Vous faififfez, Monfieur , on
ne peut mieux, la façon d'employer les pots;
mais comme le trou de leurs petits cylindres
que j'appelle des *douilles*, doit être un peu moins
fort que les cartouches, afin qu'ils n'y entrent
pas librement, s'il y a trop de différence entre
eux pour la regagner , on ajufte fur la *pate* du

moule, un *anneau mobile* de carton, & on moule
deffus, ou on l'ôte fuivant le befoin.

Le Comte. Il n'y a rien à répliquer, Monfieur ;
je vois feulement, d'après mon objection, que
le trou de la douille des pots doit toujours être
un peu moins fort que les cartouches.

51. *L'Amateur.* Pour fixer la hauteur des pots,
& n'avoir plus à en couper par le haut, lorfqu'ils
font faits, on pique *deux* points fur les moules,
l'un au - deffus de l'autre , à partir du bas du
grand cylindre, & fuivant les mefures que vous
en trouverez plus loin. Je vous dirai feulement
ici, que pour votre fufée d'un pouce ; les deux
points du moule à pot doivent être marqués
l'un à vingt-huit, & l'autre à quarante trois lignes de hauteur, afin de vous régler pour les
pots que nous allons mouler.

52. Roulez fur ce moule, en ferrant avec la
main, une bande de papier de la longueur pref-
crite, le premier tour à fec & le refte collé avec
de la colle de farine fans terre graffe, ainfi que
je l'ai ci-devant dit : tirez le moule par le petit
bout un peu en dedans ; coupez à fleur l'excédent
du cartouche, & defcendez-le à l'un ou à l'autre
des points ; car il faut en faire de chaque hauteur,
dont vous verrez l'ufage en fon tems.

53. Dans cet état, faites plufieurs plis autour
de la partie arrondie, du bas du gros cylindre du

moule , & étranglez le cartouche près de cet endroit , au haut de fa douille, avec de la ficelle
que vous arrrêterez pour un inftant : abbattez
les plis du carton à petits coups de maillet à
têtes plates , & faites bien prendre au cartouche
la forme du moule ; dénouez la ficelle & retirez
le moule, avec la précaution de ne pas défigurer
le cartouche que vous laifferez fécher à l'ombre :
continuez , &c.

Le Comte. Ce pot n'eft pas fait , Monfieur,
comme ceux de vos fufées : ils font dans le deffus
de figure d'éteignoir.

54. *L'Amateur.* Le fommet des pots dont vous
parlez, Monfieur , & que l'on appelle *chapitaux,*
fe fait à part de *trois* & de *quatre* épaiffeurs ,
avec du mince papier gris , fur un moule auffi
de bois léger & de figure conique, auquel on
donne autant de hauteur que de largeur , &
dont la queue ou poignée cylindrique a deux pouces de long , fur un pouce de groffeur. *Pl.* 1, *fig.* J
(Un feul de deux pouces de diametre fuffit jufqu'à un certain calibre de fufées, pour mouler
les moyens & les petits chapitaux).

55. Prenez avec un compas à pointes droites ,
un peu plus du diametre des pots que vous voulez
chapitoner (fi l'on peut s'exprimer ainfi), & avec
le compas ainfi ouvert, tracez un rond fur le papier , & coupez l'excédent.

C iv

56. Pour les grosses fusées on colle un *double*
rond de papier, & pour celles au-deſſous une
moitié seulement ; par ce moyen le carton des
chapiteaux eſt de quatre ou de trois épaiſſeurs
de feuillet.

57. Pliez ce rond de papier en *quatre*, déve-
loppez-le, & fendez un des plis juſqu'au centre.
Abbattez un des quarts ſur l'autre ; collez dans
cet état ; pliez encore la partie double ſur le troiſieme quart, & mettez le reſtant par-deſſus.

Le chapiteau ainſi plié & collé, ouvrez-le en
dedans ; mettez-y le moule, & faites-lui en prendre la forme : ſerrez dans la main, en tournant
le moule dedans, retirez-le, laiſſez ſécher ; &
ainſi, &c.

Le Comte. Voilà, Monſieur, une maniere de
faire les chapiteaux qui eſt très-ſimple & amuſante.

L'Amateur. Cette méthode de mouler les pots
& chapiteaux avec du papier eſt un peu plus longue, mais plus aiſée que de ſe ſervir de carton qui
n'eſt jamais trop maniable, à cauſe de ſon reſſort.
D'ailleurs je vous l'indique, Monſieur, comme
à une perſonne qui ſe plaît à travailler proprement, & qui a ſon tems à ſoi.

Les Artificiers qui ont leur routine particuliere, pourront bien l'improuver, ainſi que
d'autres petits détails dans leſquels je ſuis entré

jufqu'à préfent avec vous , & que je continue-
rai jufqu'à la fin ; duffent-ils les taxer de minuties
& d'inutilités qui ne menent à rien de mieux : qu'ils
en jugent ainfi , je leur permets, mais je n'aban-
donnerai pas pour cela une pratique que je me
fuis donnée moi - même , & qui m'amufe beaucoup , puifqu'elle réuffit.

DEUXIEME PARTIE.

*Des outils à charger, & des matieres propres
à composer les feux d'Artifices.*

DIALOGUE PREMIER.

*Des Moules & Culots pour charger les fusées vo-
lantes.*

58. LE COMTE. Je me souviens, Monsieur, que
vous m'avez ci-devant parlé d'un moule pour
charger les fusées volantes ; en quoi consiste-t-il
donc ?

59. L'*Amateur*. Ce *moule* n'est autre chose,
Monsieur , qu'un *étui* ou *canon* dans lequel on
met les cartouches , pour les charger plus commodément & plus sûrement, parce qu'il les soutient de tous côtés, & les empêche de crever.

Je vous en conseillerai toujours l'usage, si vous
pouvez trouver des ouvriers assez adroits pour
les exécuter, d'après les mesures que je vais vous
en donner.

Le Comte. Vous retirez donc ici, Monsieur,
votre parole ; car vous m'aviez promis de me
faire faire tous les outils dont j'aurois besoin.

L'Amateur. Il n'y a que ces pieces, Monſieur, que je n'ai pas miſes dans mon marché, parce que je n'ai pas été encore aſſez heureux, pour rencontrer des ouvriers capables de les bien faire, quoique je l'aie entrepris juſqu'à trois fois.

60. Les *moules* ſe font avec de gros morceaux de bois durs & compaſts, tels que le *buis*, le *poirier*, le *gayac*, &c.

61. On les perce à la tarriere ou à la cuillere de ſabotier, d'un trou cylindrique & uniforme dans toute leur longueur, & de l'ouverture du diametre extérieur des fuſées, en y ajoutant une ligne de plus pour le jeu ; & on leur donne de hauteur, *ſix* fois ce même diametre. Cette hauteur eſt auſſi *ſix* fois l'épaiſſeur des cartouches.

Le Comte. Qu'entendez-vous donc, Monſieur, par cette ligne de plus pour le jeu, que vous dites d'ajouter aux trous des moules, puiſque leur ouverture doit être la même que le diametre extérieur des fuſées ?

L'Amateur. Si le *contenant*, Monſieur, ne devoit pas être plus grand que le *contenu* ; je ne ſerois pas ſurpris de trouver ici votre pénétration en défaut.

62. Cette ligne de jeu eſt néceſſaire, ſans quoi les cartouches ne pourroient pas entrer dans les moules, à moins de faire les premiers plus foibles ; mais ce ſeroit aux dépens de leur épaiſſeur, dont on ne doit rien retrancher.

63. Quand les moules font percés bien à plomb & régulierement, c'eft-à-dire, fans éclats, fans chambres & inégalités, on paffe légérement dans leurs trous la peau de chien de mer, pour les polir, & emporter les petites défeƈtuofités que l'outil a pu y laiffer; car s'il y avoit la moindre cavité, les cartouches qui peuvent fe dilater à la charge les rempliffent, & on ne pourroit alors les en tirer qu'avec peine, ce qui dérangeroit la compofition de l'*ame* des fufées.

64. On les met fur le tour, pour leur donner à l'extérieur une figure *conique* tronquée; favoir, à leur *bafe* qui doit être coupée quarrément en deffous, une épaiffeur circulaire à peu près des *deux tiers* de celle des trous, fur la hauteur d'un pouce, en pratiquant une moulure faillante dans le deffus de cette épaiffeur; & au *fommet* environ *moitié* moins de groffeur qu'à leur bafe, avec une moulure auffi faillante au-deffous; & on diminue leur épaiffeur un peu en mourant, depuis la moulure du bas, jufqu'à celle du haut. *Pl.* 1, *fig.* K.

Le Comte. Ne pourroit-on pas, Monfieur, puifque les moules font fi difficiles à bien percer, les faire de fonte de cuivre? On éviteroit les inconvéniens des cavités que les outils peuvent faire fur le bois.

65. *L'Amateur.* Sans doute, Monfieur, & on

auroit des moules bien liffes & bien droits ; mais ils feroient difpendieux, parce qu'il n'en faut pas pour un feul.

66. Si on les faifoit de cette efpece, il faudroit diminuer leur épaiffeur ; car ils ne feroient pas maniables, à caufe de leur péfanteur.

67. Une autre obfervation à vous faire, c'eft que fi les cartouches fe chargent beaucoup mieux dans un moule, ils deviennent plus difficiles à mouler ; parce qu'il faut alors, je le répete, s'affujettir à la regle des calibres, c'eft-à-dire, ne leur donner d'épaiffeur totale, que la *moitié* de celle des rouleaux pour les *fufées volantes*, & que le *tiers* & la *moitié* des rouleaux, pour les *jets* de *feu*, fans quoi ils ne pourroient pas entrer dans le trou des moules ; ce qui revient à ce que je vous difois tout à l'heure, du *contenant* & du *contenu*.

Le Comte. Quoique l'ufage des moules, Monfieur, affujettiffe à une épaiffeur conftante de cartouche, je les préférerai toujours, & je ferai enforte de m'en procurer de bons. Mais il me femble que les vôtres font compofés de deux pieces ?

68. *L'Amateur*. Cette feconde piece que vous voyez, Monfieur, & que l'on appelle le *culot*, fe fait auffi de même bois, & de deux formes inégales. *Pl.* I, *fig.* L, *t. c.*

69. La premiere *e*, qui eſt un petit *cylindre* nommé auſſi *tetine*, & pratiqué au centre, doit avoir de hauteur le diametre *extérieur* des cartouches, & de largeur environ celui du *trou* des moules, pour pouvoir y entrer juſte.

70. On donne à l'autre partie *c*, le même diametre que celui de la *baſe* des moules.

71. Quant à la hauteur totale des culots ; elle ſe regle ſur celle de la queue des broches *a*, qu'ils doivent porter perpendiculairement, laquelle doit être un peu moins longue que les culots, & être arrêtée par-deſſous avec un *écrou e*, que l'on noye dans le bois de plus de ſon épaiſſeur.

Le Comte. Mais pourquoi ces boutons au moule & au culot ?

72. *L'Amateur.* Comme les coups de maillet, en chargeant les fuſées, font toujours treſſaillir le moule ſur le culot, ces deux boutons diamétralement oppoſés & viſſés ſur chaque piece, les retiennent enſemble, au moyen de *deux* petites *plaques* de *fer*, percées à chaque bout, & que l'on ôte à volonté.

Ou on perce le moule, le cylindre & la queue de la broche d'outre en outre, de façon que l'on puiſſe paſſer une *éguille* de *fer* à travers des trous.

On arrête encore le moule ſur ſon culot, avec deux petits crochets & des anneaux à demeure.

La façon la plus aifée, felon moi, eft de mettre en place des boutons du culot, des *agraffés* à
charnieres, comme celles d'un livre, dont les
bouts foient percés pour recevoir les boutons du
moule. *Pl.* 1, *fig.* K, *a*, & *fig.* L, *b*.

Le Comte. Eft-ce que les ferpenteaux, Monfieur,
fe chargent auffi dans un moule? Si cela eft, je
renonce à l'inftant aux artifices; car je n'en
fortirois jamais, à caufe de la grande quantité
que vous m'avez annoncé devoir en employer.

L'Amateur. Et cet *impromptu* de *noce*, que de-
viendra-t-il donc, Monfieur, fi votre *patience* &
votre *bonne volonté* vous abandonnent en fi beau
chemin ?

Les ferpenteaux, fur-tout ceux de quatre lignes
de diametre intérieur, fe chargent volontiers dans
un moule & fur une *broche*; mais pour abréger
cet Ouvrage, je vous donnerai plus loin, une
pratique de les charger par *groffe* & plus à la fois;
ainfi *macte animo*, & nous arriverons au but.

DIALOGUE DEUXIEME.

Des Breches & Pointes de fer.

73. *LE COMTE.* Vous m'avez raffuré, Monfieur,
dans notre dernier entretien, en me promettant
une façon abrégée de charger les ferpenteaux par

groffe à la fois, même ceux que l'on perce avec une broche; mais à propos de celle-ci, vous m'avez fait étrangler fur de grandes broches, les cartouches des fufées volantes, & fur de plus petites ceux des jets de feu: quelles font donc leurs proportions?

L'Amateur. Parlons d'abord, Monfieur, des premieres, dont les proportions font très-effentielles à obferver, pour faire de bonnes fufées volantes.

74. Ces *broches* qui doivent être de *fer*, & mifes fur le tour, pour les bien finir, ont *trois* parties différentes; favoir, la *broche* proprement dite, le *bouton* & la *queue. Pl.* 1, *fig.* M.

75. La *broche a* de figure conique, doit avoir un peu plus de longueur que les *deux tiers* de celle des cartouches, & fe diftingue en *bafe* & *pointe*.

76. Sa *bafe b* doit avoir d'*épaiffeur* le *tiers* du diametre *extérieur* des cartouches, ou ce qui eft la même chofe, la *moitié* de leur épaiffeur intérieure ou des rouleaux, (cette moitié eft auffi les deux épaiffeurs des cartouches).

77. Et fa *pointe* ou *fommet c*, que l'on arrondit tant foit peu, doit avoir le *fixieme* du diametre extérieur des fufées; (il eft auffi leur épaiffeur & le quart des rouleaux).

78. On donne au *bouton* ou *demie boulé d*, le
même

même diametre que l'intérieur des fufées, fur *moitié* de hauteur : (cette moitié eft auffi celle des rouleaux, & fait les épaiffeurs latérales des cartouches, & le tiers de leur diametre extérieur).

79. La *queue* enfin doit être *quarrée e*, & avoir quelques lignes de moins d'épaiffeur que la *demi-boule*, & à peu près deux, trois & quatre pouces de longueur, fuivant la force & la groffeur des broches & des culots, & être tarrodée à fon bout, pour y viffer un écrou.

Il réfulte de ces proportions, comme vous le voyez, Monfieur, que les fufées volantes fe partagent par *tiers* de leur épaiffeur : favoir, *un tiers* pour le *trou* du dégorgement du feu, *un tiers* pour l'épaiffeur de la *matiere* à la bafe, lequel devient *un fixieme* autour du trou, & fait avec le précédent, les *deux tiers* des fufées & leur diametre *intérieur*; & enfin *un tiers* pour les épaiffeurs latérales des cartouches, qui, joint aux deux autres tiers, forme le diametre *extérieur* des fufées.

Le Comte. Vous venez de me dire, Monfieur, que pour faire de bonnes fufées volantes, il falloit exactement obferver les proportions des broches; elles ont donc encore un autre ufage que celui de former la gorge & la lumiere des cartouches que l'on étrangle deffus ?

8o. *L'Amateur.* Le dernier ufage des broches,

D.

Monfieur, eft de former dans la matiere combuftible des fufées que l'on charge deffus, un
vuide de même forme & longueur, appellé l'*ame*
des fufées.

81. Ce *vuide* fert à les faire monter tant que le
feu qui prend du *bas* en *haut* de ce trou conique,
fur plus de furfaces de matiere inflammable,
trouve de quoi s'*alimenter ;* & comme il en fort
avec impétuofité, & qu'il *frappe* une *colonne* d'*air*
qui le *repouffe*, il fe venge de cette réfiftance fur
les fufées où il en trouve moins, en les *enlevant*
en l'air.

82. Vous voyez par-là, Monfieur, la né-
ceffité du rétréciffement de la lumiere des cartouches, que vous m'avez précédemment demandée, parce que l'expérience a fait voir que le
diametre du trou du dégorgement de la flamme,
devoit être dans les fufées volantes, du *tiers* de
leur diametre extérieur; ou ce qui eft la même
chofe, de la *moitié* de leur vuide intérieur, & la
hauteur de ce trou, des *deux tiers* de celle des
cartouches ; autrement la matiere enflammée
n'auroit pas la force de *foutenir* le poids des fufées,
par conféquent de les *enlever*.

Le Comte. Il me refte à vous demander, Monfieur, pourquoi vous donnez un peu plus de longueur aux broches, que les deux tiers de celle
des cartouches ?

83. *L'Amateur.* C'eft pour ne pas trop råccour-
cir la hauteur de l'*ame* des fufées, dont on perd
quelques lignes par les deux épaiffeurs de l'étranglement des cartouches.

84. Voici la preuve de ce que j'avance. Marquez fur un cartouche d'un pouce, par exemple,
le fond de fon épaiffeur, & mettez fa broche dedans ; marquez-y auffi la hauteur de celle-ci, &
mefurez l'intervalle entre les deux points ; vous
le trouverez avoir quelques lignes de moins que
la broche, fi elle n'a que deux ou trois lignes de
plus de longueur que la regle.

D'ailleurs comme le vuide, depuis la pointe
des broches jufqu'au *niveau* des moules, lorfqu'elles font dedans, doit faire l'*épaiffeur* du
maffif des fufées (vous le connoîtrez plus loin),
c'eft-à-dire, n'avoir de hauteur que leur diametre
intérieur, du moins jufqu'à certains calibres, fi
les broches étoient plus courtes, ce *maffif* fe
trouveroit trop haut ; ce qui eft un grand défaut
à éviter, dont vous verrez la raifon au chargement des fufées.

Le Comte. Et les proportions des pointes, Monfieur ?

L'Amateur. Encore de la vivacité.

85. Les *pointes* fe font auffi de *fer*, & ont de
même *trois* parties diftinctes, la *broche*, le *bouton*,
& la *queue. Pl.* 1 , *fig.* N.

86. La *broche* de figure conique, doit avoir de longueur, le diametre *extérieur* des cartouches des jets de feu; sa *base* de diametre, le *tiers* de leur vuide *intérieur*, & sa *pointe* que l'on arrondit un peu, environ *une ligne* de *moins* d'épaisseur que sa *base*.

- 87. Le diametre du *bouton* ou *demi-boucle*, doit être le même que l'*intérieur* des jets, sur *moitié* de hauteur;

88. Quant à la *queue*, il faut aussi la faire quarrée, & de quelques lignes de moins d'épaisseur que le bouton, mais sans tarrodage, & de douze, dix-huit, ou vingt-quatre lignes de longueur, suivant la grosseur des pointes.

Le Comte. Il paroît, Monsieur, d'après ces proportions, que l'ame des jets de feu doit produire un autre effet que celle des fusées volantes.

89. *L'Amateur.* Vous avez raison, Monsieur; mais comme les jets font leur effet sur la terre, où ils sont fixés sur des machines, on réduit leur lumiere au *tiers* de leur diametre *intérieur*, afin de leur faire pousser plus loin les étincelles de leur flammes; & le *vuide* que la pointe laisse dans leur matiere combustible, sert à leur donner plus de mouvement, lorsqu'elle prend feu.

90. Je vous dirai, avant de terminer notre séance, que quand on veut faire des fusées volantes en feu *brillant* ou *chinois*, dont le grand éclat

resfemble à des diamans, il faut que la broche soit *trempée*, pour ne pas s'*érailler*, & que les baguettes pour les charger (nous en parlerons bientôt), soient *armées* à leur bout d'une *virole* & d'une *plaque* de *cuivre*, percée suivant le diametre de la broche, sans quoi elles ne résisteroient pas sur la *limaille* de *fer*, & sur les *grains* de *fonte* qui entrent dans les compositions de ces sortes de feux, que l'on appelle par cette raison, *brillant* & *chinois*. (cette armure n'empêche pas les baguettes & la broche, de servir pour d'autres compositions).

91. On prend pour ces fusées un calibre un peu fort, comme de dix-huit lignes ou de deux pouces. De plus petits ne feroient pas un grand effet ; & comme ces compositions sont très-vives & très-pésantes, il convient de donner un peu plus d'épaisseur aux cartouches, & de moins garnir les fusées, afin de regagner d'un côté, ce que l'on perd de l'autre.

Quoique vous voyiez, Monsieur, d'après les détails que je viens de vous en faire, les proportions que les broches doivent avoir, & leur rapport avec les cartouches & les rouleaux ; je vais encore vous donner un *Tableau* qui vous évitera la peine des opérations que vous seriez obligé de faire, pour l'exécution des pieces qui y sont décrites. Il vous présentera toutes les proportions des différens *calibres* des fusées volantes, jusqu'à *deux* pouces de diametre, avec celles des jets de feu jusqu'à *quinze* lignes ; ainsi vous pourrez y avoir recours, dans le cas où quelques-unes de vos broches viendroient à se casser ou à s'égarer.

Le Comte. Je vous suis obligé, Monsieur, de votre précaution, & je consulterai ce Tableau dans le besoin.

DIALOGUE TROISIEME.

Des Baguettes & Maillets à charger.

92. *Le Comte.* Comme vous m'avez fait prendre, Monsieur, pour étrangler les cartouches, la premiere baguette à charger, je pense qu'il y en a encore d'autres non moins nécessaires : quelles en sont donc les proportions & l'usage ?

93. *L'Amateur.* Les baguettes dont nous allons, Monsieur, nous entretenir, servent à *fouler* & à *comprimer* la matiere combustible des artifices.

94. Comme on frappe dessus à grands coups de maillet, on les fait de bois *dur*, tels que le *fresne*, le *cornouiller*, ou autre bois non cassant, & d'un diametre un peu plus foible que celui des rouleaux, pour qu'elles puissent entrer aisément dans les cartouches. On y pratique une *poignée* proportionnée à leur grosseur, & com-

ns ca s & ... pots & chapiteaux;

Intérie des Fusé	DIAMÈTRE		HAUTEUR	
	e la pointe des Broches.	Du bouton des Broches.	Du bouton des Broches.	Du massif des Fusées.
Lignes.	Lignes.	Lignes.	Lignes.	Lignes.
4	1	4	2	4
6	$1\frac{1}{2}$	6	3	6
8	2	8	4	8
10	$2\frac{1}{2}$	10	5	10
	3	12	6	12
	$3\frac{1}{2}$	14	7	14
	4	16	8	16
	1	4	2	0
	$1\frac{1}{2}$	6	3	0
	2	9	$4\frac{1}{2}$	0
	3	12	6	0
	4	15	$7\frac{1}{2}$	0

mode à la main; & on en arrondit le bout, afin de pouvoir réfifter aux coups de maillet. *Pl.* 1, *fig.* O.

95. Outre les rouleaux dont vous connoiffez l'ufage, on doit être encore pourvu d'un certain nombre de baguettes *creufes* & *maffives*, par calibres de fufées volantes.

96. Savoir, pour celui de deux pouces, de *quatre* creufes & de *deux* maffives.

97. Pour celui de dix-huit & de vingt-une lignes, de ~~quatre~~ creufes & d'*une* maffive.

98. Pour celui de neuf, douze & quinze lignes, de *trois* creufes, & d'*une* maffive.

99. Et pour celui de fix lignes, de *deux* creufes & d'*une* maffive.

Le Comte. Pourquoi faut-il donc, Monfieur, avoir pour les fufées volantes de deux pouces, quatre baguettes creufes & deux maffives, tandis que vous n'en prefcrivez pour les autres que deux, trois & quatre creufes, & feulement une maffive?

100. *L'Amateur.* Comme les fufées volantes, Monfieur, pour être bien chargées, demandent plus ou moins de baguettes percées, on divife celles-ci par *moitié*, *tiers* & *quart* de la longueur des broches, afin que la compofition foit tellement refoulée dans les cartouches, qu'elle ne faffe plus qu'une *maffe* dure, comme la pierre, qui, étant moins pénétrable au feu, enleve les

D iij

fusées beaucoup plus haut, parce qu'elle est plus de tems à se consumer.

Quant à la seconde baguette massive, pour les fusées de deux pouces, elle devient nécessaire pour ce calibre, ainsi que pour ceux au-dessous ; mais on peut se dispenser d'en avoir de particulieres pour ces derniers, au moyen de ce que je vous dirai bientôt.

101. Pour ne pas faire de répétition ennuyeuses, je vais seulement vous décrire les proportions des baguettes de votre fusée d'un pouce, car je ne l'ai pas oubliée.

102. La *premiere* baguette (*pl.* 1, *fig.* O, *a*) doit avoir *six* pouces de longueur de *tige*, non compris la *poignée*, & être percée au *centre* du diametre de son petit bout, d'un *trou* 1, égal à la longueur & grosseur de la broche.

103. Elle sert à charger *un quart* de la fusée, & *un tiers* de la broche.

104. La *seconde* baguette *b*, doit avoir *quatre* pouces de longueur de *tige*, & être aussi percée d'un *trou* 2, égal aux *deux tiers* de la longueur, & diametre de la broche, à partir de la pointe.

105. Elle sert à charger le *second quart* de la fusée, & le *deuxieme tiers* de la broche.

106. La *troisieme* baguette *c*, doit avoir *trois* pouces de longueur de *tige*, & être de même percée d'un *trou* 3, égal à la longueur & dia-

metre du *dernier tiers* de fa broche, pris de la pointe.

107. Elle fert à charger le *troifieme quart* de la fufée, & à cacher entierement dans la matiere combuftible, le *tiers reftant* de la broche, qui, retirée du cartouche, lorfqu'il eft chargé & fini, forme, comme nous l'avons précédemment dit, l'*ame* de la fufée.

108. La *quatrieme* baguette *m*, qui n'eft pas percée, appellée le *maffif*, doit avoir de longueur *deux fois* le diametre extérieur du cartouche, c'eft-à-dire, *deux* pouces de *tige*.

109. Elle fert à charger le *maffif* ou *quart reftant* de la fufée, au-deffus de la broche.

110. Enfin la *cinquieme* baguette *b*, *e*, *r*, non percée, nommée *baguette à rendoubler*, & la *derniere* maffive (je parle ici pour la fufée de deux pouces) doit avoir *vingt* lignes de diametre, fur *un pouce* & *demi* de longueur de *tige*.

111. Elle fert à *tamponer* & à *fermer* la fufée.

112. Mais comme vous n'avez qu'une feule baguette maffive pour les calibres au-deffous de deux pouces, il faut prendre le *maffif* de la fufée de quinze lignes pour *rendoubler* celle d'un pouce, & ainfi pour d'autres.

Par ce moyen vous pouvez vous paffer de baguette à rendoubler, en en ayant une feulement pour votre plus forte fufée.

D'après cet expofé, vous concevez aifément ;
Monfieur, quelles doivent être les proportions
des baguettes à charger pour vos autres calibres
de fufées volantes, ainfi je me crois difpenfé
de vous les détailler.

Cette regle doit vous guider pour les parta-
ger & les percer, je le répete, par *moitié*, *tiers*
& *quart* de la longueur des broches; bien entendu que la premiere baguette aura toujours
la même longueur de *tige* que fon cartouche, &
les autres à proportion, avec une *poignée* en fus.

Le Comte. Rien de plus clair & de plus fenfible,
Monfieur, que vos démonftrations; mais il faut
fans doute auffi, pour les autres fufées, un certain
tain nombre de baguettes à charger?

113. *L'Amateur.* Comme les *jets* de *feu* fe chargent, Monfieur, fur une pointe fort courte
(*pl.* 1, *fig.* N.), ils n'ont befoin que d'*une* feule
baguette *percée*, dont le *trou* doit être égal en
largeur & profondeur, à la longueur & au diametre des pointes.

114. Cette baguette fert à charger jufqu'à la
hauteur de la pointe, laquelle pratique dans la
matiere combuftible, le *vuide* dont nous avons
parlé.

115. Outre cette baguette, il en faut de non
percées, dont la longueur de *tige* fe prend auffi
par *moitié* & *tiers* de chargement, à partir du

deſſus de la pointe enfilée dans le cartouche, & meſurée extérieurement.

116. Savoir, pour les jets ou gerbes de feu de ſix pouces de longueur, *deux* par calibres.

117. Et *trois* par calibres, pour ceux de neuf & de douze pouces de longueur.

118. Et pour les *chandelles romaines*, en tout *quatre* maſſives; parce qu'elles ne ſe chargent pas ſur une *pointe*.

Je ne crois pas inutile de vous obſerver, que pour éviter le double emploi des baguettes qui ne font qu'embarraſſer, on peut prendre certaines baguettes maſſives de fuſées volantes, & de jets de feu qui ſe trouvent de même diametre, pour achever de charger ces derniers, ainſi que les chandelles romaines, (je vous les diſtinguerai à l'article de leur chargement).

Le Comte. Qu'eſt-ce donc, Monſieur, que des chandelles romaines ? Vous n'avez pas encore parlé de cet artifice.

L'Amateur. Il y a bien d'autres pïeces, Monſieur, dont je n'ai encore rien dit : prenez patience, vous les connoîtrez dans leur tems avec celle qui vous arrête ici.

Le Comte. Puiſqu'il faut patienter, Monſieur, je me borne à vous demander combien les ſerpenteaux, les lances & la pluie de feu exigent de baguettes pour les charger ?

119. *L'Amateur.* Les ſerpenteaux, Monſieur, ſe chargent avec *deux* baguettes maſſives, dont la *tige* de la *premiere* doit être de la hauteur du cartouche , & celle de la *ſeconde* de *moitié*; l'une ſert à les charger à *moitié*, & l'autre à les *finir.*

120. Celles de *quatre* lignes de diametre ſe font de bois dur ; & celles de *trois* lignes avec du *fer*, ou pour le mieux avec un petit cylindre de *cuivre*; car il ne faut pas charger les artifices avec des outils de *fer* ou *ferrés*, ni y travailler à la lumiere ou auprès du feu, de peur d'accident que l'on ne peut trop prévoir.

121. Les grandes lances ſe chargent avec *quatre* baguettes *maſſives* de trois lignes de diametre , dont la *premiere* en ſus d'une petite poignée, doit être de dix-ſept à dix-huit pouces de longueur ; la *ſeconde* diminuée d'un *quart* , & les *deux* autres à proportion. Les petites lances ſe chargent avec les baguettes des ſerpenteaux de même calibre , & la pluie de feu avec une petite baguette de *cuivre* de la longueur des cartouches, & de *deux* lignes de diametre.

Le Comte. Les maillets ont-ils auſſi, Monſieur, des proportions à obſerver ?

122. *L'Amateur.* Les *maillets*, Monſieur, dont la péſanteur contribue beaucoup à la preſſion de la matiere combuſtible, ſe font au tour avec le *buis*, l'*érable*, le *freſne*, l'*orme*, la *pleine*, &c.

& de figure cylindrique, un peu diminuée par les bouts. *Pl.* 1, *fig.* P.

123. Comme leurs proportions fe réglent fur la groffeur des cartouches, il faudroit en avoir autant que de différens calibres de fufées ; mais avec *trois* maillets, on obtient autant d'effet qu'avec un plus grand nombre.

124. Le cylindre du *premier* doit avoir quatre pouces de diametre fur fix de longueur, & être arrondi par les bouts à douze lignes de leur centre, en abattant les arrêtes tout autour ; ce qui laiffe deux pouces de têtes plates. Son manche fur lequel on pratique, ainfi que fur les autres, un certain nombre de *cordons* contigus, afin de le mieux tenir dans la main, doit être de treize pouces de longueur, y compris la profondeur du trou du cylindre, que l'on perce au milieu de part en part.

125. Il fert à battre les fufées volantes de dix-huit lignes & au-deffus, & les jets de feu de douze lignes & au-deffus.

126. Le *fecond* maillet moins fort que le précédent, & de même forme & figure, doit avoir un cylindre de trois pouces de diametre, fur quatre & demi de longueur, & les arrêtes des bouts auffi abbatues à neuf lignes de leur centre ; ce qui donne dix-huit lignes de têtes plates : la tige de fon manche doit être de neuf pouces de longueur, hors du trou.

127. Il fert à battre les fufées volantes de neuf, douze & quinze lignes, les jets de feu de fix & neuf lignes, & les cartouches de moyenne groffeur.

128. Enfin le cylindre du *petit* maillet, doit être de deux pouces de diametre, fur trois de longueur, & avoir les bouts coupés à *vives* arrêtes, & un manche de neuf pouces de longueur, en fus du trou.

129. Il fert à battre les fufées volantes de fix lignes, les chandelles romaines, les jets de feu de quatre lignes, les ferpenteaux, & tous les autres petits artifices, & à abattre les plis des cartouches & des pots de fufées, (vous en avez déjà fait ufage pour ces dernieres chofes).

Le Comte. Ce qui m'arrête encore, Monfieur, c'eft de favoir pourquoi vous ne faites pas les bouts des gros maillets de toute l'épaiffeur de leurs cylindres ?

130. *L'Amateur.* On pourroit abfolument, Monfieur, faire les gros maillets d'un cylindre uniforme dans toute fa longueur; mais comme ils font plus fujets à tourner dans la main, que des petits, ce qui fait donner des coups, qui, portant à faux, ou caffent les baguettes ou font plier les cartouches, j'ai imaginé de diminuer le diametre de leurs têtes, afin d'éviter ces inconvéniens, & j'y ai réuffi.

Par ce moyen, les coups de maillet s'appliquent plus fûrement & plus près du centre de fon poids, fuivant fa chûte ; parce que s'il arrive que l'on porte un coup faux, la tête du maillet étant moins large, elle gliffe fur la poignée de fa baguette, & fait moins de tort.

DIALOGUE QUATRIEME.

Des matieres combuftibles & autres, & maniere de les préparer.

131. *LE COMTE.* Je penfe, Monfieur, qu'il ne me refte plus qu'à connoître les matieres combuftibles qui compofent les feux d'artifices, & de favoir les préparer, pour enfuite les employer à charger les fufées.

132. *L'Amateur.* Avant d'entrer, Monfieur, dans le détail des matieres, il eft bon de vous dire que pour les broyer, les réduire en poudre, & les tamifer, mouler les cartouches, & charger les artifices, il convient d'avoir un petit *attelier* fur terre ferme dans un coin de fa maifon, & éloigné des chambres à feu, où l'on puiffe travailler à fon aife, & fans incommoder perfonne, parce qu'outre le bruit que l'on fait, la pouffiere de la plupart des matieres, gâte & noircit les meubles, & l'or & l'argent.

On a dans cet attelier deux *billots* de bois ;
larges, folides & bien dreffés, à peu près
comme ceux des enclumes des forgerons, pour
fervir à pofer les culots & broches des fufées,
& le mortier à piler les matieres dures.

On les perce d'autant de trous que l'on a de
différentes broches, & fuivant la longueur &
groffeur de leurs queues, afin qu'elles puiffent
y entrer librement jufqu'à leur demi-boule, qui
doit porter deffus.

L'un de ces billots fe fcelle en terre & au grand
jour, de façon à pouvoir mettre une table derriere, pour pofer les outils & compofitions :
l'autre fe fait portatif, au moyen de deux boucles de cuir oppofées, & de trois ou quatre
forts pieds emmanchés deffous, comme à une
pelote de cuifine ou à une fellette, afin de s'en
fervir quand on veut travailler dans le cabinet
d'un jardin, où dans une chambre baffe. Pour ce
dernier ufage, on en garnit les pieds, afin d'amor-
tir le retentiffement des coups de maillet.

On peut, pour avoir moins de trous fur ces
billots, faire les queues des pointes de la groffeur de celles des broches, c'eft-à-dire, la queue
de la pointe des jets de quatre lignes, comme la
queue de la broche des fufées volantes de fix
lignes, & ainfi des autres.

133. Les matieres dont on fait le plus d'ufage,
font

font le *falpêtre*, le *foufre*, le *charbon*, la *poudre*, les *limailles* de *fer*, d'*acier*, d'*éguilles*, de *cuivre jaune*, d'*épingles*, la *fonte* de *fer*, & le *cuivre jaune*, concaffés.

154. Le *falpêtre* pour être employé dans les artifices, dont il eft la bafe de plufieurs, & fur-tout des fufées volantes, doit être bien rafiné & de trois cuites, pour plus de fuccès.

135. Celui que vendent les Marchands eft ordinairement bon, quand il eft bien *blanc*, *dur*, *tranfparent*, & en *éguilles cryftallifées*.

Le Comte. Outre ces remarques, ne pourroit-on pas encore, Monfieur, éprouver le falpêtre pour s'affurer de fa qualité ?

136. *L'Amateur.* Ecrafez fin fur une planche nette, un petit morceau de falpêtre; ramaffez-le en un tas, & mettez-y le feu avec un charbon ardent: fi la flamme vive qui doit s'en élever, le confume au point qu'il ne refte plus qu'une petite *maffe blanche*, c'eft une preuve de fa bonne qualité.

137. Pour le réduire en poudre impalpable, on le concaffe dans un mortier, & on le fait fé-cher s'il eft humide. On le broie avec une *mo-lette* de bois dur, portant une poignée cylin-drique, fur une table auffi de bois dur, d'envi-ron deux pieds en quarré, coupée à huit pans, & garnie tout autour d'un rebord d'un pouce

E

de faillie, au milieu duquel on pratique une petite ouverture à coulisses, que l'on ferme avec une piece mobile.

138. Quand le salpêtre est broyé à pouvoir le tamiser, on le ramasse sur la table avec une patte de lievre, on leve la trappe, & on le fait tomber dans un tamis de gaze de soie très-fine, garni d'un couvercle & d'un tambour un peu profond.

139. On broie encore ce qui reste; on tamise de nouveau, & on garde le tout dans des boîtes bien fermées & dans un lieu bien sec, pour s'en servir au besoin. On en fait autant pour les autres matieres; le mieux cependant est de les employer fraîches tamisées, ou au plus après un certain tems, parce qu'elles s'alterent toujours un peu en vieillissant trop.

Le Comte. Et le soufre, comment se prépare-t-il, Monsieur, & à quoi connoît-on sa bonne qualité?

140. *L'Amateur.* Le *soufre* (je parle de la fleur de soufre, car on en fait plus d'usage que de celui en bâtons, appellé *magdaleon*), la fleur de soufre, dis-je, n'a besoin d'aucunes préparations: on la passe seulement dans le tamis le plus fin, avant de l'employer; & ce qui ne peut passer, se broie sur la table, & se tamise ensuite.

141. La bonne fleur de soufre est celle dont

la couleur est d'un beau *citron*, & qui, portée à l'oreille dans un fac de papier, femble *pétiller* & *crier*, en la ferrant dans les doigts.

Le Comte. Est-il indifférent, Monfieur, de prendre tel ou tel charbon? Dans ce cas, on éviteroit la peine de brûler le bois; il ne s'agiroit plus que d'écrafer le charbon plus ou moins gros; car je penfe que c'est ainfi qu'on l'emploie.

142. *L'Amateur.* Le *charbon* doit à la vérité, Monfieur, être écrafé pour entrer dans les compofitions d'artifice; mais toutes fortes de bois ne conviennent pas pour le faire.

143. Celui que l'on prend pour fabriquer la poudre eft ordinairement de *faule* ou de *bourdeine*, autrement dite *nerprun* ou *puvine*; mais on a toujours, je crois, jufqu'à préfent, donné la préférence à ce dernier.

A défaut de celui-ci que l'on ne trouve pas indifféremment par tout, pour faire le charbon des artifices, appellé *aigremore*, on fe fert de bois blanc, tels que le *faule*, le *coudre*, le *tremble* ou le *tilleul*.

Pour moi, faute de nerprun, le *faule* eft celui que je préfere. Vous le trouverez défigné par le feul mot *charbon*, dans les compofitions dont nous parlerons dans la fuite.

On fait encore ufage de charbon de *chêne* & *hêtre*; je vous diftinguerai ceux-ci du premier, en ajoutant charbon de *chêne*, de *hêtre*.

E ij

144. De quelqu'efpece fufdite que foit le bois dont vous vouliez faire du charbon, prenez de groffes branches, & faites-les couper dans le tems de la *sève*, parce qu'il faut les *écorcer* en entier, & les fendre en petites bûches que vous mettrez *fécher* au four.

145. Pour les brûler, on en forme un petit bûcher ou à l'air, ou dans une cheminée dont a foin d'ôter le bois & les cendres. On y met le feu avec des allumettes, & à mefure que les charbons font ardens, on les *étouffe* dans une braifiere, comme celle des Boulangers, ou dans un grand pot de terre que l'on couvre chaque fois.

146. Quand le charbon eft éteint & bien réfroidi, on le crible pour le purger des cendres qui l'enveloppent, & on le broie fur la table avec la molette. On le paffe dans un tamis de crin un peu clair, & de même grandeur que celui de foie, afin qu'il puiffe entrer dans fes tambour & couvercle, (il faut avoir la même précaution pour tout autre tamis).

Lorfque le charbon eft tamifé, on le paffe dans un tamis de foie moins fin que le premier, pour en ôter la pouffiere inutile que l'on jette.

147. On le repaffe encore dans un moyen tamis de crin, pour féparer le gros d'avec le fin, & on les garde dans des pots bien bouchés.

148. Le fin fert pour les moyens & petits artifices, & l'autre pour les fufées volantes & pour les groffes gerbes.

Le Comte. La poudre a fans doute auffi, Monfieur, fa préparation, & des remarques pour diftinguer la bonne de la mauvaife?

149. *L'Amateur.* On emploie, Monfieur, deux fortes de poudre, de la *fine* & de la *groffe* à *canon*, ou grainée ou pulvérifée, tantôt féparément & tantôt mêlées enfemble, parce qu'il arrive fouvent que celle à canon, ou plutôt celle de *mine* que l'on trouve plus aifément dans nos provinces, n'eft pas trop bonne.

150. Les bonnes *poudres* font celles qui, tirant fur la couleur d'*ardoife*, fe brifent difficilement entre les doigts, & qui, allumées doucement fur du papier blanc, s'enflamment promptement, fans le noircir ni le brûler, en jettant une fumée de la forme d'un cercle.

151. Elles fe broient comme le falpêtre, mais féparément, & fe paffent de même dans le tamis de foie le plus fin, avec cette différence que ce qui n'a pu paffer après plufieurs broyées, fe garde pour un ufage particulier.

152. Ces poudres ainfi tamifées, s'appellent *pouffier* ou *poulverin*, & fe confervent dans des barrils de bois que l'on diftingue, afin de ne pas confondre l'une pour l'autre.

153. Lorsqu'on veut les mettre en œuvre, on prend *une livre* de celle à *canon* ou de *mine*, & *quatre onces* de la fine appellée à *giboyer*, & on les passe ensemble, pour les bien mêler : si cependant on pouvoit se procurer de bonne poudre à canon, ce mêlange deviendroit inutile.

Le Comte. Quel usage particulier fait-on donc, Monsieur, de la poudre à demi - broyée qui reste après qu'on l'a tamisée ?

154. *L'Amateur.* Cette poudre à moitié écrasée que l'on appelle *relien*, sert, Monsieur, pour les *chassés* des pots à feu & autres artifices, parce qu'étant moins *vive*, la garniture de ces pots prend feu plus aisément.

Le Comte. Est-ce que les limailles demandent aussi, Monsieur, à être préparées, pour entrer dans les compositions ?

155. *L'Amateur.* Les limailles dont nous avons parlé, Monsieur, sont si communes chez les ouvriers qui travaillent ces métaux, qu'il est inutile de vous indiquer les moyens de vous en procurer.

156. Je vous dirai seulement qu'il faut les choisir nouvellement faites & sans rouille, & leur premiere préparation consiste à les passer en petite quantité.

1°. Dans le plus fin tamis de soie, pour les purger de leur fine limaille ou poussiere qui ne sert à rien.

2°. Dans le moyen tamis de crin, pour en ôter les grosses ordures.

3°. Dans un autre tamis de crin, mais plus serré, pour les nettoyer encore de ce qui reste d'ordures.

Et enfin dans le moyen tamis de crin, & légérement, pour séparer les fines des grosses limailles que l'on peut alors employer, en les mêlant avec la dose de soufre qui leur convient, & lorsque les artifices doivent être brûlés tout de suite.

Le Comte. Et la fonte de fer & le cuivre jaune, comment peut on, Monsieur, s'en procurer & les concasser ; car ces matieres ne font pas tendres ? Se préparent-elles comme les limailles ?

157. *L'Amateur.* On trouve, Monsieur, chez les Chaudroniers ou Marchands qui tiennent des ouvrages de fonte de fer, assez de marmites *neuves* cassées, parmi lesquelles on choisit les *tessons* les plus *minces*, les plus *argentés* & les plus *cassans*. La seule difficulté est de les réduire en *grains* de *six* grosseurs différentes.

La *fonte* a aussi différentes préparations, dont voici la premiere.

158. On la casse avec un marteau, & on la pile dans un fort mortier de fonte, avec un pilon de même métal ; & on y revient autant de

E iv

fois qu'il en reste dans le gros tamis de crin, où
on la passe d'abord.

Cette opération, je l'avoue, est un peu longue & fatigante; mais vous pouvez, Monsieur,
vous éviter cette peine, en faisant faire cet ouvrage, ainsi que celui de préparer le salpêtre, la
poudre & le charbon, par celui de vos domes-
tiques le plus intelligent.

Quand la fonte est pilée & réduite, on la passe
aussi en petite quantité dans le fin tamis de soie,
pour en ôter la poussiere inutile; après quoi on
divise ainsi les *grains*, suivant leurs différentes
grosseurs.

159. 1°. On les passe dans le moins fin tamis de
soie, pour en extraire les plus petits.

2°. Dans un tamis de crin un peu plus clair
que le précédent, pour ceux qui le sont moins.

3°. Dans le moyen tamis de crin, pour ceux
qui le sont encore moins.

4°. Dans un tamis de crin, dont le tissu doit
être entre le clair & le moyen tamis de crin,
pour les grains un peu plus gros, que l'on tire
tant qu'il en peut passer.

On partage ensuite ceux-ci, en les repassant
encore dans le même tamis, mais légérement,
& ce qui ne tombe pas, fait le cinquieme numéro.

Enfin ce qui reste de la quatrieme passée,

eſt la ſixieme & derniere groſſeur de la fonte que l'on peut auſſi employer , comme je l'ai dit des limailles.

Le Comte. Ne pourroit-on pas , Monſieur , puiſque les morceaux de fonte ſont ſi difficiles à réduire en grains convenables , prendre de la grenaille de fer , dont certaines gens font uſage pour la chaſſe ?

160. *L'Amateur.* Comme la grenaille n'eſt autre choſe , Monſieur , que de la vielle fonte que l'on met en fuſion , au moyen d'un feu vif & ardent , ſoutenu par le vent de pluſieurs ſoufflets , pour la façonner pendant que l'on verſe la liqueur ſur un baquet plein d'eau ; on peut auſſi l'employer en la préparant comme la précédente , parce qu'elle ſe trouve en partie réduite en aſſez pe-tits grains , pour n'avoir pas beſoin d'être caſſée , mais cette refonte & cette trempe la rendent in-férieure à la fonte neuve que l'on doit préférer , à cauſe des différentes ſurfaces qu'elle acquiert , en la briſant dans le mortier.

161. *Le cuivre jaune* en *grains* , dont on ſe ſert pour ſouder les ouvrages de cette nature , ſe ré-duit encore & ſe paſſe de même dans les tamis , pour en tirer les *ſix* groſſeurs néceſſaires , & ſe prépare comme les limailles & la fonte.

162. Celui que l'on tire à la filiere , pour en faire du fil de laiton , forme de petits copeaux

frifés plus au moins gros , qui , préparés comme
les limailles, fervent les uns de la groffeur d'un
grain de bled , pour les jets ou gerbes de neuf
lignes de diametre intérieur & au deffus ; & les
autres plus petits pour ceux au-deffous de ce calibre : mais comme on ne peut s'en procurer aifément, je me borne à vous dire que, fi vous en
aviez , vous pourriez les employer quelquefois
en place de limaille de cuivre , parce qu'ils font
un affez bel effet.

Le Comte. Toutes ces matieres ont donc encore,
Monfieur , d'autres préparations ?

L'Amateur. Pour garder les artifices pendant
un certain tems , il faut, Monfieur , garantir de
la rouille les limailles, le cuivre & la fonte ; &
on y parvient, du moins autant qu'il eft poffible,
en les préparant de la maniere fuivante.

163. Sur *une livre* de chacune defdites matieres ,
çar c'eft autant qu'il en faut pour un particulier
qui s'amufe des artifices, on mêle *quatre onces* de
fleur de foufre , & on fait chauffer & bouillir
le tout dans une poële de fer, en remuant avec
un bâton, & avec cette précaution de n'y pas
laiffer prendre le feu.

On laiffe réfroidir , & on bat cette maffe dans
le mortier, pour la divifer & la remettre dans
fon premier état.

On la paffe dans le tamis convenable à fa

groſſeur , & on la frotte dans les mains avec de l'huile de lin , pour la nettoyer & l'éclaircir ; après quoi on l'eſſuie avec un morceau d'étoffe de laine.

Quand la matiere eſt bien ſéche , on recom‑ mence l'ébullition avec pareille doſe de fleur de ſoufre ; on la repile & on la tamiſe, mais ſans la repaſſer dans l'huile , parce qu'alors la prépara‑ tion eſt finie.

164. Les limailles , la fonte & le cuivre , ainſi préparés ou ſeulement nettoyés , ſe conſervent dans des bouteilles , ou dans des veſſies bien dé‑ graiſſées que l'on met dans le coin d'une chemi‑ née où l'on fait habituellement du feu.

165. Il y a encore une autre préparation plus abrégée, c'eſt de faire un *vernis* avec *deux onces* de *maſtic* en *larmes* que l'on réduit en poudre dans un mortier, & *deux onces* de *térébenthine* de *veniſe.*

On les détrempe enſemble dans une terrine verniſſée & ſur un feu doux, avec de l'*eſprit* de *vin* & ſans les noyer ; en obſervant de n'y pas mettre le feu, ni de les laiſſer venir en onguent, ce qui ſe connoît , lorſque, verſant quelques gouttes de cette liqueur ſur du papier , elles le mouillent ſans le rendre gluant : alors le vernis eſt bon ; s'il eſt trop épais, on y met de l'eſprit de vin, juſqu'à ce qu'il ait acquis ladite qualité.

On le verſe dans une petite fiole, & on le

garde pour n'en faire ufage qu'à l'inftant où l'on
veut employer des limailles , de la fonte , &c.
que l'on étend fur une feuille de parchemin , après
les avoir pefées fuivant la dofe réglée par les compofitions que l'on doit faire avant.

On fecoue la fiole pour brouiller le vernis ,
& on le répand goutte à goutte fur la limaille, &c.
fans en trop mettre. On la broie avec le coin du
parchemin , & on y poudre un peu de fleur de
foufre , pour abforber le fluide du vernis & couvrir de fleur toutes les particules de la limaille
que l'on frotte encore & que l'on tamife pour en
ôter le foufre qui ne s'y eft pas attaché ; après
quoi on la mêle avec la dofe de fleur qui lui
convient , & enfuite le tout avec la compofition
pré arée, que l'on doit employer auffi-tôt.

166. Cette derniere préparation peut fe faire
feule , c'eft-à-dire, fans la précédente ; mais
jointes enfemble , les limailles , la fonte, &c.
n'en font que plus brillantes & plus éclatantes,
parce que s'enflammant & fe liquéfiant plus
promptement , elles produifent des étincelles &
des feux qui varient fuivant la forme & le choc
des limailles & de la fonte , en dégorgeant des
cartouches.

167. Par ce moyen vous avez , Monfieur ,
quatre préparations différentes que je vais rap-
procher les unes des autres : 1°. celle avec la fleur

de foufre feulement, après que les matieres font bien nettoyées & divifées par groffeur ; elle ne fe garde pas : 2°. celle à la cuite ; elle fe garde un certain tems, même dans les cartouches chargés : 3°. celle au vernis ; élle fe garde moins que la précédente : & enfin celle à la cuite & au vernis enfemble ; elle fe garde chargée encore plus long-tems que la cuite feule.

Et pour ne vous rien laiffer ignorer de tout ce qui peut tendre à un plus bel effet des artifices, je vous rapporterai un article que j'ai extrait du journal de Bouillon (page 57, de la premiere quinzaine de Mai 1774), à deffein de faire ufage de la compofition qu'il annonce, fi elle peut s'adapter aux limailles, &c. dont nous nous entretenons.

168. « Le fieur Samufeau vient d'obtenir un » privilege du Roi pour une compofition de » fon invention, qui préferve de la rouille tou- » tes fortes de métaux, & à laquelle l'Acadé- » mie des Sciences a donné l'approbation la plus » complette. Cette compofition brillante n'eft » fufceptible d'aucune odeur, & s'adapte telle- » ment avec les métaux, qu'elle eft à l'épreuve » des coups de marteau ; elle garantit les fufils, » les piftolets, &c. de toutes les injures de l'air ».

169. Comme il ne m'a pas encore été poffible de me procurer de cette compofition, pour en faire

l'essai sur nos limailles, je me contente de vous l'indiquer, parce que si elle n'étoit pas inflammable & qu'elle pût leur convenir, les artifices, au moyen de cette découverte, se conserveroient peut-être plus long-tems sans altération; car le salpêtre a beau être employé bien sec, il a toujours un mordant qui ronge le fer & le cuivre, sur-tout lorsqu'ils sont renfermés & comprimés ensemble dans les cartouches.

Le Comte. Les matieres dont vous venez, Monsieur, de me faire le détail, & de me donner les préparations, sont-elles les seules nécessaires ?

L'Amateur. On se sert encore, Monsieur, de nombre de matieres différentes; mais certaines sont si dangereuses, à cause des suites funestes que leurs vapeurs peuvent entraîner; & d'autres produisent si ▆ d'effet, que je ne vous parlerai que de celles qui en font le plus, & que l'on peut employer sûrement.

170. L'*étoupille*, la plus utile de toutes ces matieres, se fait avec du *coton filé* de longueur arbitraire, dont on forme des *mèches* de *deux*, *trois*, *quatre*, *cinq* & *six brins*.

171. On les met tremper dans de bon *vinaigre*, pendant deux à trois heures, en les dépelottonant dans une terrine & sans les couper; c'est-à-dire, d'un seul bout, suivant leur grosseur.

Quand elles en sont imbues, on les retire &

on les preffe foiblement entre les doigts, pour en extraire le vinaigre. On les fait tremper pendant quelque tems, dans une autre terrine où on a préparé une *pâte* ni trop claire, ni trop épaiffe, faite avec du pouffier de poudre fine, détrempé à l'eau-de-vie ou à l'efprit-de-vin, dans laquelle on a fait fondre un peu de *gomme arabique*, pour que la pâte s'attache aux meches, & qu'elles aient un peu de confiftance.

172. On les manie pour les bien couvrir de pâte, on les retire en les ferrant légérement dans les doigts, & on les fait fécher fur des cordes tendues dans un grenier.

173. Lorfqu'elles font à demi-feches, on les coupe de la longueur de *deux à trois* pieds, & on les roule dans du pouffier fec de poudre fine, on les remet fécher à fait, & on les enveloppe en paquets par groffeurs différentes, dans de grandes feuilles de papier fans les plier, pour les garder dans un lieu fec.

174. Elles fervent à *amorcer* les artifices, à y mettre le feu, & à le communiquer rapidement d'une pièce à une autre, même à des diftances éloignées: pour cet effet, on proportionne leur groffeur à celle des cartouches.

175. La pâte & la poudre feche qui reftent après cette préparation, fe mêlent enfemble & fe confervent dans une foucoupe: elles fervent à coller les bouts d'étoupille que l'on met dans

la gorge des cartouches, & par-tout ailleurs où
ils prennent feu ; c'eſt ce que l'on appelle *amorce.*
Il ne faut pour cela que la détremper avec un
peu d'eau ; & lorſqu'elle eſt conſommée, on en
fait d'autre avec du pouſſier & de l'eau, ſuivant
la quantité dont on a beſoin.

Le Comte. Quelles ſont donc encore, Monſieur,
les autres matieres qui font effet dans les artifices,
& dont on peut ſûrement faire uſage ?

L'Amateur. Il y a long-tems, Monſieur, que
vous n'aviez donné carriere à votre vivacité ;
car à peine vous ai-je décrit la premiere des matieres que je me ſuis propoſé de vous indiquer,
que vous voulez connoître les autres ; mais
l'envie de vous inſtruire, l'emporte ſur votre
patience.

Les matieres dont il me reſte à vous entretenir,
ſont ;

176. La *poudre* d'or & d'*argent* (ce ſont celles
que l'on met ſur l'écriture, & que l'on achete
chez les Marchands Papetiers) ; elles s'emploient
toutes telles.

177. La *mine* de *plomb rouge* , on s'en ſert
comme elle eſt.

178. La *litarge* d'or & d'*argent* (on les trouve
chez les Epiciers) ; elles ne demande aucune
préparation. Il faut ſeulement en ôter la fine
pouſſiere.

179.

179. La *réfine* réduite en poudre.

180. Le *noir* de *fumée* d'*Hollande*. On en fai
ufage pour le *feu chinois commun*, en le détrem-
pant avec des gouttes d'huile de *pétréole*, jufqu'à
ce que l'on en ait formé des *grains* de groffeur
proportionnée aux fufées dans lefquelles on
veut les employer, & on les laiffe fécher avant
de les mêler dans la compofition.

181. Le *charbon* de *terre*. On l'écrafe légérement;
car il eft fort tendre, & on le paffe dans le tamis.

182. Le *foufre* en *rouleau*, appellé *magdaleon*
(nous en avons déjà parlé); on le concaffe en
grains covenables.

183. Le *camphre*, pour le diffoudre; on y
verfe de l'efprit de vin goutte à goutte fans le
noyer; on le broie, on le fait fécher, & on le
met en poudre que l'on conferve dans une fiole
bien bouchée, crainte d'évaporation.

184. La *manganelle noire*: c'eft une pierre dont
fe fervent les Potiers de Terre, pour vernir en
brun la terraffe; elle fe prépare comme le charbon de terre.

185. La *fuie* de *fer*: on la ramaffe dans la cheminée des forgerons.

186. Enfin la *cendre* de bois de foyer: on la
paffe dans le fin tamis de foie.

187. Lorfque l'on veut faire des compofitions,
on pefe féparément chacune des matieres, en

F

proportionnant leur volume au nombre de pieces que l'on a à charger, c'eft-à-dire, on en prend le poids par nature ou en *entier*, ou par *moitié*, *quart*, *huitieme*, &c. avec cet attention de ne pas fe tromper, parce que la compofition ne vaudroit rien.

On mêle toujours enfemble le *falpêtre*, le *fouffre* & la *poudre*, & on les paffe *trois* fois dans le moyen tamis de foie; mais quand il entre dans les compofitions de la *fonte* ou dés *limailles*, dont on doit auffi proportionner la groffeur à celle des cartouches, on réferve la fleur pour la mêler en particulier avec les limailles ou la fonte, & après avec le refte de la compofition, ainfi que je l'ai déjà dit à l'article de leur préparation.

On met enfuite le *charbon* & les autres matieres fines ou en grains: on mêle encore le tout, & on le paffe auffi *trois* fois dans le gros tamis de crin.

Les compofitions ainfi faites, font prêtes à employer, & fe verfent à cette fin dans le couvercle des tamis ou dans une fébille de bois, en obfervant de les brouiller de tems en tems avec une cuiller, à mefure que leur volume diminue, parce qu'elles ne peuvent jamais être trop mélangées.

❋

TROISIEME PARTIE,

Du chargement des Artifices.

DIALOGUE PREMIER.

Des Serpenteaux, Pluies de feu, Étoiles, Saucissons, Marrons & autres petits Artifices de garnitures.

188. *LE COMTE.* Je touche donc enfin, Monsieur, au moment de charger des serpenteaux, & de mettre en pratique tout ce que vous m'avez dit jusqu'à présent du chargement des artifices.

L'Amateur. Avant de vous faire connoître, Monsieur, la façon abrégée de charger les serpenteaux, je vais vous tracer un tableau des différentes compositions qui leur font propres.

J'en ferai autant pour tous les autres artifices, à mesure que nous en parlerons ; au moyen de quoi vous pourrez choisir dans ces tableaux, celle des compositions que bon vous semblera, en la préparant de la maniere que je vous ai ci-devant indiquée.

COMPOSITIONS pour les Serpenteaux de 3 & 4 lignes.			
NOMS		**POIDS.**	
des Feux.	des Matieres.	onc.	gr.
Brillant . . .	⎰ Pouffier . , . ⎱ Limaille de fer .	16 4	0 0
Aurore . . .	⎰ Pouffier . . . ⎱ Poudre d'or . .	16 4	0 0
Ordinaire . .	⎰ Salpêtre . . . ⎨ Fleur de foufre. ⎱ Charbon. . .	16 3 6	4 0 0
Ordinaire. .	⎰ Salpêtre . . . ⎨ Fleur de foufre. ⎱ Pouffier . . .	4 4 16	0 0 0
Commun . .	⎰ Charbon. . . ⎱ Pouffier . . .	4 16	0 0
Autre plus vif .	⎰ Charbon. . . ⎱ Pouffier . . .	3 16	0 0
Encore plus vif.	⎰ Charbon . . . ⎱ Pouffier . . .	2 16	0 0

Quoique vous ne trouviez, Monfieur, fur ce tableau aucunes compofitions chinoifes, on en fait cependant ufage ; mais je ne vous les donne pas, parce qu'il vaut mieux réferver la fonte pour des pieces plus intéreffantes.

189. Pour accélérer le chargement des ferpenteaux, on les arrange debout dans une petite caiffe appellée *boiffeau*, faite de bois léger de quatre lignes d'épaiffeur, & de quatre pouces

huit lignes en quarré du dedans en dedans, fur deux pouces un quart de profondeur. *Pl.* 1, *fig.* S.

Si les cartouches (je parle de ceux de trois lignes) font faits tels que je vous l'ai prefcrit, le boiffeau en contiendra *quatorze* douzaines, que vous pourrez aifément & très - promptement charger à la fois, en procédant ainfi.

190. Etendez fur une table folide, la feuille de parchemin avec laquelle on broie les limailles, & pofez y le boiffeau plein de cartouches; mettez au fond de chacun un petit tampon de papier roulé dans les doigts, & frappez - le avec la premiere baguette & le petit maillet.

Coulez fur ce tampon, au moyen d'un petit *entonnoir* de fer blanc, dont la douille doit être proportionnée au diametre intérieur des cartouches, à peu près autant de poudre fine en grains que peut en contenir le baffinet d'un fufil; & mettez fur chaque charge, un *grain* de poids rond affez petit, pour ne pas intercepter la communication du feu de la compofition, à la poudre.

Le Comte. Pourquoi faut-il donc, Monfieur, mettre un tampon de papier au fond des cartouches, & un poids fur la poudre? Je ne faifois pas ainfi, étant au college, ceux dont je vous ai parlé.

L'Amateur. C'eft pour faire crever les ferpenteaux avec plus de réfiftance, parce que la pou-

dre, en s'enflammant, chaſſe le poids dans le
trou du dégorgement qui ſe trouve bouché par
ce moyen; & l'autre l'étant auſſi par le tampon,
la poudre ſe fait jour avec d'autant plus de violence & de détonation, qu'elle ſe trouve plus
renfermée.

Lorſque les cartouches ſont ainſi diſpoſés,
les remplit de compoſition, en la verſant
deſſus avec une cuiller de bois, & on la foule
avec la premiere baguette, en les frappant légérement les unes après les autres, de *trois à*
quatre coups de maillet.

On remet de la compoſition que l'on bat de
même avec la ſeconde baguette, juſqu'à ce que
les cartouches ſoient chargés à quatre lignes environ près du bout.

191. On les retire du boiſſeau, & s'il s'en
trouve quelques-uns de trop pleins, on ôte un
peu de la compoſition avec une pointe, afin de
pouvoir les étrangler & les nouer, comme la
premiere fois.

192. On ouvre le trou de ce dernier étranglement, avec un petit *poinçon* de *fer* de quatre
lignes de longueur, ſur une ligne de diametre
à la baſe, & moitié à la pointe, portant demi-
boucle de trois lignes de diametre, & de deux
de hauteur, avec une queue en ſus, pour être
monté ſur un manche proportionné à ſa groſſeur

(*Pl.* 1, *fig.* T); après quoi on amorce les serpenteaux, en mettant dans ce trou un bout
d'étoupille saillante, que l'on y colle avec la
pâte d'*amorce* dont nous avons parlé.

Le Comte. Et les cartouches que vous m'avez
fait rouler, Monsieur, sur le travers des cartes,
comment se chargent-ils, & quel est leur usage
relativement à leur peu de hauteur?

193. *L'Amateur.* Ils se chargent, Monsieur, dans
le boisseau, comme les précédens, avec cette différence que l'on n'y met point des pétards : on les
étrangle, on les noue & on les amorce de même.

194. Ils ne servent que pour les fusées volantes de *six* & *neuf* lignes, dont les pots se trou-
veroient plus courts que les cartouches, si on
y employoit des premiers serpenteaux.

195. On fait encore des pétards avec le plus
gros de ces cartouches, en les remplissant de
poudre grainée, sans y mettre de pois, & on
les finit comme les autres : on les emploie dans
les garnitures en place des serpenteaux, mais
seulement dans les petites & moyennes fusées.

Le Comte. Ceux de quatre lignes de diametre
faits de trois cartes, se chargent sans doute,
Monsieur, différemment que les autres, puisque
vous les appellez serpenteaux brochetés ; & à
quoi servent-ils, ainsi que les petits moulés avec
une carte en travers?

F iv

196. *L'Amateur.* On charge volontiers, Monſieur, ces ſortes de cartouches ſur une broche, ainſi que je l'ai dit à l'article de leur moulage ; mais on a plutôt fait de les charger au boiſſeau ; & comme ils ne s'y arrangent pas auſſi bien que les petits, on les retient debout, en mettant une ou deux bandes de tort carton dans le vuide reſtant.

197. Après les avoir étranglés & noués, on les perce à la main, en commençant le trou avec un vrillette que l'on enfonce de *neuf à dix* lignes, & on le finit avec une petite *broche* de *fer*, de la forme de celle des fuſées volantes. Sa longueur doit être de quatorze lignes ; le diametre de ſa baſe d'une ligne & demie, ſur moitié à la pointe, & celui de la demi boule de quatre lignes, ſur trois de hauteur ; elle ſe monte auſſi à demeure, ſur une petite poignée. *Pl.* 1, *fig.* U.

198. Ces ſerpenteaux auxquels on fait une *ame* de cette profondeur, afin qu'ils aient en l'air plus d'agitation, s'amorcent & s'étoupillent comme les autres ; mais ne s'emploient que dans les pots à feu, les bombes & les groſſes fuſées volantes.

Ils ſe chargent encore au boiſſeau de deux autres manieres.

199. La premiere eſt d'y mettre avec l'entonnoir, une petite charge de la compoſition des *étoiles* dont nous parlerons bientôt. On la foule,

& on acheve de les charger avec de la compofition des ferpenteaux, fans y mettre de poudre
grainée : on les étrangle, on les noue, on les
perce avec la broche de fer, & on les amorce;
on les appelle alors *ferpenteaux à étoiles*, parce
qu'ils finiffent par un feu d'étoiles.

100. L'autre maniere eft l'inverfe de celle-là,
avec cette différence, que l'on met d'abord un
pétard, & qu'on les charge de la compofition
des ferpenteaux jufqu'à neuf lignes environ près
du bout : on les étrangle, on les noue à cet endroit, & on les perce avec une vrillette à quelques lignes de profondeur. On met dans chaque
trou une pincée de pouffier fec ; on charge le
vuide au-deffus de l'étranglement, avec de la
compofition des étoiles, & on les amorce fans
les étrangler : ces derniers fe nomment *étoiles à
ferpenteaux*, parce que leur feu commence par
une étoile, & finit par celui d'un ferpenteau à
petard.

On en fait encore de ce calibre, & pour les
trois ufages fufdits feulement ; mais que l'on
perce différemment.

101. On les tamponne & on les charge au boiffeau fans y mettre de petard ; & avant de les
étrangler, on couvre la compofition d'un petit
tampon de papier : on les noue, en approchant
l'étranglement autant que l'on peut, & on les

perce un peu au-deſſous des tampons, de deux petits trous oppoſés, l'un à un bout & l'autre à l'autre, avec une petit *poïnçon* en *emporte-piece*, d'une forte ligne d'ouverture à la pointe (*Pl.* 1, *fig.* X), ſorte d'inſtrument dont on ſe ſert pour découper, & faire les mouches de tafetas.

Ces trous ne doivent être que de l'épaiſſeur des cartouches, ſans entamer la compoſition qu'il faut découvrir : on les remplit de pouſſier ſec, on les couvre avec un ſeul bout d'étoupille, plus long que les cartouches, & poſé en diagonale dans toute ſa longueur. On l'arrête d'abord avec du fil ſur chaque étranglement, & enſuite avec de l'amorce ſur chaque trou : lorſque celle-ci eſt ſeche, on coupe le fil & on colle une petite bande de papier brouillard ſur l'étoupille, en obſervant de ne pas la mouiller, & d'en laiſſer ſortir un bout, afin qu'il puiſſe prendre feu aiſément; ces ſortes de ſerpenteaux font un effet ſingulier dans les garnitures où on les emploie.

202. Quant aux cartouches ſur le travers d'une carte, ils ſervent, Monſieur, à faire des *étoilles* & des *lances d'illuminations à petards* : on les remplit de poudre grainée à la hauteur d'un pouce, on les y étrangle & on les noue le plus près poſſible.

203. Pour le premier uſage, on met dans le trou de l'étranglement, une pincée de pouſſier

fec avec l'entonnoir, & on charge légérement au
boiffeau la partie vuide, avec de la compofition
des étoiles, que l'on amorce enfuite.

On garde de ces petards dont on ne charge-pas
la partie vuide, pour fervir aux petites lances
que je me réferve de vous détailler plus loin,
parce qu'elles ne font pas partie des garnitures
dont nous nous occupons maintenant.

Le Comte. La pluie de feu fe charge-t-elle,
Monfieur, dans le boiffeau, & a-t-elle des compofitions particulieres ?

204. *L'Amateur.* Ces petits cartouches fe chargent, Monfieur, dans le boiffeau avec certaines
compofitions des ferpenteaux que je répéterai
ici, crainte d'équivoque: on ne les-étrangle pas
lorfqu'ils font faits, & on les amorce avec un
bout d'étoupille retenue avec de la pâte.

COMPOSITIONS pour la Pluie de feu en cartouches.		POIDS. onces.
NOMS des Feux.	des Matieres.	
Brillant	Pouffier	16
	Limaille	4
D'Or ou Aurore.	Pouffier	16
	Poudre d'or.	4
Commun	Charbon	2
	Pouffier	16

205. On fait encore deux autres fortes de pluies de feu, l'une en *étincelles* avec les.groffes fciures des bois dont nous avons parlé.

206. On les fait bouillir avec de l'eau dans laquelle ou a fondu du falpêtre. On les retire, on les dégoutte ; & pendant qu'elles font encore molles, on les roule dans du pouffier fec qui leur fert d'amorce, & on lès laiffe fécher avant de les employer.

207. L'autre forte de pluie de feu fe fait en gros *grains* de deux manieres différentes, & avec les compofitions fuivantes.

COMPOSITIONS pour la Pluie de feu en grains.		
Matieres.	*Premiere compo-fition.*	*Seconde compo-fition.*
	onces.	onces.
Salpêtre .	18	8
Soufre .	12	0
Pouffier.	18	8
Camphre.	0	16
Etoupes hachées.	0	8

208. Pour la premiere qui exige certains foins, afin de n'y pas laiffer prendre le feu, on fait fondre le foufre dans une terrine verniffée affez profonde, & on y verfe le falpêtre peu à peu, en remuant avec un bâton ; on les retire du feu, & on y mêle de même la poudre.

Lorfque la compofition eft ainfi faite, on la verfe fur une table de pierre, où on la laiffe un peu réfroidir; on la coupe par petits morceaux que l'on roule dans une pâte d'amorce tant foit peu liquide, & on les laiffe fécher.

209. Quand l'autre compofition eft bien mêlangée au tamis, on en fait une pâte très-liquide avec de l'eau - de - vie, & on y mêle *huit* onces d'étoupes de chanvre hachées: on en forme des *grains* de la groffeur d'un pois, en les roulant entre les doigts, & on les amorce encore humides dans du pouffier fec.

Le Comte. Vous appellez fans doute étoiles, Monfieur, cette quantité de petites lumieres qui terminent le vol des fufées, & qui font cette furprife fi agréable dont vous m'avez parlé; comment fe font-elles donc? car vous ne m'avez pas fait mouler des cartouches pour ces fortes d'artifices.

210. *L'Amateur.* Comme les *étoiles*, Monfieur, entrent dans les garnitures en plus grand nombre que les ferpenteaux, parce que chacune ne pefe gueres que le *tiers* d'un de ceux-ci; j'ai imaginé, pour en abréger l'ouvrage, de compofer un moule avec lequel on en fait *neuf* d'un coup, à l'inftar, à la vérité, de celui dont on fe fert ordinairement, mais qui n'en fait qu'*une* à la fois.

211. Cet inftrument de bois dur, & coupé

quarrément à chaque bout, se fait au tour , & à
trois parties cylindriques d'inégales longueurs &
grosseurs.

La premiere qui est le *porte-moule*, doit avoir
quatre pouces de diametre, sur dix lignes de
hauteur, & être arrondie au-dessous en diminuant, jusqu'à la seconde partie qui est la *poignée*,
laquelle doit avoir quatre pouces de longueur,
sur quinze lignes de diametre, & être aussi arrondie dans le dessus jusqu'au dernier cylindre
qui est le *repoussoir*, dont la hauteur doit être de
quinze lignes , sur environ six de diametre.
Pl. 2 , *fig.* A.

Lorsque la piece est ainsi disposée, on trace
sur la surface plane du grand cylindre, un quarré
de trois pouces un quart , dans lequel à partir
du centre, & à treize lignes de distance les unes
des autres , on trace encore *six* lignes , & on
perce sur chaque jointure , un trou de six lignes
de profondeur, sur trois de diametre ; ce qui
fait *neuf* trous au total, distribués de la figure
d'un jeu de *quilles*.

On la met ensuite à *huit* pans, en abattant les
quatre grandes portions de cercles , telles qu'elles
sont ponctuées (*pl.* 1 , *fig.* B), & où colle d'a-
plomb dans chaque trou , un *petit cylindre* aussi
de bois dur, de six lignes de diametre & de
hauteur, non compris la *cheville*, portant à son

centre & à demeure, une *broche* cylindrique de
fer ou de *cuivre*, de deux lignes de diametre, fur
quatre de hauteur faillante, & dont le bout ainfi
que le deffus de fon cylindre doivent être coupés bien quarrément.

La figure B (*pl.* 1,) eft le plan & la coupe
du deffous de ce moule, ou pour mieux dire, le
moule même que je n'aurois pu vous rendre affez
fenfible, fans cette figure détachée, à caufe des
différentes pieces réunies qui le compofent en
partie.

Pour le completter, on a *neuf* petites viroles
de cuivre que j'appelle *coupes-pâtes*, de dix lignes
de hauteur, fur tant foit peu plus de fix de diametre, afin que les cylindres puiffent y entrer,
mais pas trop librement, parce qu'elles tomberoient, lorfqu'étant pleines on tient ce moule
dans la main, le gros bout en bas.

Ces coupes-pâtes dont un feulement eft ponctué fur le cylindre en élévation, du milieu de ce
plan, doivent bien s'affleurer avec la pointe des
broches, qui, en moulant les étoiles, y laiffent
un *trou* de leur hauteur & groffeur, ainfi que
vous allez le voir par la pratique, enfuite de
leurs compofitions.

COMPOSITIONS pour les Etoiles moulées, Lances, Chiffres, Caracteres & Figures.				
Matieres.	Premiere.	Seconde.	Troisieme.	Quatriem.
	onc.	onc.	onc.	onc.
Salpêtre . . .	16	16	12	12
Fleur de Soufre . .	8	8	8	6
Pouffier . . .	6	4	4	2
Camphre . . .	1	1	0	0

212. Quand on a bien mêlé & paffé au tamis l'une des quatre compofitions ci - deffus, on la détrempe dans une terrine avec de l'eau, ou du vinaigre, ou de l'eau-de-vie, ou pour le mieux, avec de l'efprit-de-vin dans lequel on fait fondre pour une livre de falpêtre, une demie-once de gomme arabique ou adragan: on peut y mêlanger, fi l'on veut, des étoupes hachées très-fines, par quart du poids du falpêtre; les étoiles en font plus long-tems à fe confumer.

Lorfque la compofition eft en pâte confiftante, mais pas trop ferme, on en étend une partie fur la table à broyer, & on y remet d'autre pâte quand celle-là eft employée.

213. On monte les viroles fur le moule, & en le tenant d'une main, on l'appuie ferme fur la pâte, en foulant deffus pour en remplir chaque trou; & on le porte fur un coin de la table où

on

on le tourne comme en broyant, afin de détacher la pâte de l'extérieur des virolles.

On le renverse en le tenant d'une main, & on tire de l'autre un coupe - pâte, dans lequel reste l'*étoile* que l'on fait sortir & tomber légérement sur une feuille de papier, avec le *repoussoir* que l'on introduit dans la virole: on la remet en place, & on en fait autant pour les autres; on récommence à mouler, &c. & quand on s'apperçoit que la pâte se seche, & qu'elle ne se lie pas bien dans les moules, on l'humecte avec quelques gouttes de la liqueur dont elle a été composée.

214. On laisse un peu sécher les étoiles, on les roule dans du poussier sec; & lorsqu'elles sont seches, on les enfile une à une par couple, &c. avec un bout d'étoupille que l'on colle avec de la pâte d'amorce.

215. On peut pour les grosses fusées volantes, assembler les étoiles en tel nombre que l'on veut, en les éloignant un peu les unes des autres, pour en former différentes figures, au moyen d'un petit fil de fer que l'on passe dans chaque trou, avec l'étoupille que l'on y arrête aussi avec de l'amorce. Le fil de fer, par exemple, des vieilles carcasses de coëffure, est bien propre à cet usage, parce qu'il est très-fin & léger.

Le Comte. Et les saucissons & marrons, com-

G

ment & avec quoi se font-ils, Monsieur?

L'Amateur. Vous êtes toujours prompt, Monsieur, à votre ordinaire, & vous demandez beaucoup à la fois. Occupons-nous d'abord des *saucissons.*

216. Il y en a de deux sortes; les uns ne sont que des *petards* très-retentissans; & les autres, outre le petard, sont un peu plus composés, & exigent certains soins pour y bien réussir.

217. Les premiers se font avec des cartouches de susées volantes d'un pouce, que l'on étrangle à fait : on frappe au fond un fort tampon de papier ; on les remplit de poudre graînée à canon, à la hauteur d'un pouce & demi ; on la couvre d'un autre tampon que l'on presse avec la baguette sans le fouler ; on les étrangle, & on coupe l'excédent des étranglemens.

218. On les couvre de deux rangs de petite ficelle l'un sur l'autre ; on les trempe dans la colle forte, & quand ils sont secs, on les perce avec une vrillette à l'un des bouts, que l'on amorce avec de l'étoupille & de la pâte. *Pl.* 2, *fig.* C.

219. Ils ne servent que pour les grosses susées volantes & les lances, jets de feu & autres artifices que l'on veut faire terminer par un petard ; mais pour ce dernier effet, je préfere les petits petards que nous avons faits, & les marrons dont

nous parlerons bientôt, parce qu'ils s'ajuſtent mieux au bout de ces pieces.

220. Les autres *ſauciſſons* appellés *volans*, ſe font avec des cartouches de fuſées volantes de quinze lignes. On les moule de ſix pouces de longueur, & on les étrangle par *moitié*, en y laiſ-ſant un petit *trou*.

Lorſque ces cartouches ſon ſecs, on les charge de deux manieres différentes.

221. 1°. On ouvre un peu leur trou avec la pointe d'une broche, & on y enfile une longue étoupille que l'on fait ſortir de beaucoup par l'un des bouts.

On monte les cartouches ſur un *culot* de bois dur de deux pouces de hauteur, ſur trois de diametre à la baſe, & quinze lignes au ſommet, portant à ſon centre un *cylindre* fait de la même piece, de trois pouces de hauteur, ſur neuf li-gnes de diametre, dont le bout doit être arrondi, comme celui d'un *dez* à coudre (*pl.* 2, *fig.* D), & on l'introduit dans la partie des cartouches où l'étoupille eſt la plus courte.

On les charge de l'une des compoſitions des ſerpenteaux, avec la troiſieme baguette des jets de neuf lignes, en frappant légérement *cinq à ſix* coups de maillet ; & à chaque charge de com-poſition dont on met très-peu à la fois, on *contourne* deſſus *trois à quatre* fois l'étoupille, de la forme d'une *mèche* de tire-bouchon, juſqu'à ce que le tout ſoit preſque rempli; & on amorce avec de la pâte, & le bout d'étoupille reſtante que l'on coupe à un demi-pouce. : :

222. On ôte le culot ; on remplit de poudre grainée à canon, à la hauteur d'environ un pouce & demi, y compris un tampon de papier que l'on met deſſus, l'autre partie où doit reſter le bout d'étoupille : on l'étrangle, on coupe l'excédent de l'étranglement, après l'avoir noué, & on enveloppe le petard de deux ou trois rangs de ficelle que l'on trempe dans la colle forte.

L'autre maniere de les charger & de les finir eſt à peu-près la même. La ſeule différence, c'eſt que l'on ne met pas d'étoupille dans la compoſition, mais ſeulement un bout deſſus, avec de la pâte pour les amorcer.

223. Les Sauciſſons volans, dont l'effet des uns eſt de monter d'aplomb, en jettant un feu qui tortille, comme les ſerpenteaux, à cauſe de l'étoupille renfermée dans la compoſition, qui, brûlant plus vîte, leur imprime ce mouvement ſpiral, tandis que les autres ne jettent qu'une longue traînée de feu (*pl. 2, fig.* E, *a*, *b*,) ; ces ſauciſſons, dis-je, ne s'emploient que dans des pots faits exprès, dont nous parlerons plus loin.

224. On appelle *marrons* des petards qui produiſent, ſuivant leurs différentes groſſeurs, autant

& même plus de bruit, que les fauciſſons de ſimple détonation.

225. Les petits ſe font avec des cartes à jouer, que l'on plie en *trois* ſur leur *hauteur*, & en *quatre* ſur leur *travers* : on les coupe à chaque pli ponctué (*pl.* 2, *fig.* F), juſqu'à celui du *milieu*, pour en former un petit *coffre* quarré de la forme d'un *dez* à jouer, en abattant *trois* ſciſſures les unes ſur les autres, à commencer par un bout.

On le remplit de poudre fine grainée; on le ferme & on l'enveloppe d'une ſeconde carte coupée de même, en retenant le tout avec un fort bout de fil paſſé en croix par deſſus.

Quand on veut faire des marrons de plus forte détonation, on trace ſur du carton: *ſix* quarrés égaux; ſavoir, *quatre* en *hauteur* & *trois* en *travers*, de la figure d'une croix (*pl.* 2, *fig.* G); on détache cette piece, & pour plus de facilité à dreſſer chaque quarré, on coupe avec la pointe d'un canif, tant ſoit peu de l'épaiſſeur du carton, ſuivant les lignes ponctuées ſur ladite figure.

On les plie du côté oppoſé à leur coupe; on en forme un coffre, en les aſſemblant ſur un bout de bois un peu long, coupé quarrément ſur toutes faces, & de leur épaiſſeur intérieure; (en le mettant de deux épaiſſeurs inégales, par

G üj

moitié de fa longueur ; ce moule peut en faire deux de différens calibres. *Pl. 2, fig.* H).

On les retient avec du fil & on colle fur les jointures plufieurs bandes de fort papier ou de vieux parchemin, coupées de leur hauteur, le dernier quarré ou couvercle reftant debout.

Lorfqu'ils font fecs, on les remplit de poudre grainée à canon, & on les ferme avec leur couvercle que l'on colle : on les recouvre d'une feconde & troifieme croix de carton, avec ces précautions, de mettre le fond de celles-ci fur le couvercle de la premiere, de les couper fuivant le quarré du coffre fait, & de les coller auffi l'une après l'autre, avec des bandes de papier ou de parchemin.

226. On laiffe fécher les marrons & on les enveloppe comme les faucifors : favoir, les *petits* avec de la ficelle *ordinaire*, & les *gros* avec de la ficelle *cablée*, proportionnée à leur groffeur, en couvrant d'un bout à l'autre chaque jointure, d'un rang de ficelle que l'on trempe dans la colle forte ; enforte qu'étant tous garnis, ils fe trouvent enveloppés de *deux* rangs de ficelle, dont on fait encore plufieurs tours en croix fur leurs milieux, où on l'arrête, & on en laiffe un long bout pour les tremper dans la colle, & les faire fécher, en les accrochant avec.

On peut pour leur oppofer plus de réfiftance

à éclater, & les rendre par-là plus retentiſſans, les recouvrir avec un mélange de colle forte & d'*écaille* de *fer*, en proportionnant ſa groſſeur à la leur : (cette écaille ſe trouve abondamment ſous l'enclume des forgerons).

227. Lorſqu'ils ſont ſecs, on coupe le bout de ficelle, & on les perce dans un des *angles*, avec une vrillette ou un poinçon que l'on enfonce un peu avant ; on les amorce avec un bout d'étoupille que l'on met dans le trou, & on l'y colle avec de la pâte. *Pl.* 2, *fig.* J.

228. Les petits marrons ſervent pour les fuſées volantes, & pour les autres artifices au bout deſquels on veut les mettre, pour les faire terminer par un petard, ainſi que je l'ai ci-devant dit, & les gros s'emploient pour commencer le ſpectacle des feux d'artifice.

229. On fait encore de même, mais ſans écaille de fer, des marrons que l'on appelle *luiſans*, parce qu'après avoir rempli leur lumiere de pouſſier, au lieu d'étoupille pour donner feu à la poudre, on les couvre de pâte d'étoiles ſaupoudrée de pouſſier : on les amorce avec deux ou trois tours d'étoupille en croix, dont on laiſſe déborder les bouts, & on les couvre en partie avec une bande de papier brouillard que l'on colle ſur chaque face, ſans mouiller l'étoupille.

G iv

230. Ces marrons commencent, ainsi que vous lesentez, Monsieur, par une grosse étoile, & finissent par un fort petard ; mais je vous conseil de n'employer pour les faire, que des plus petits marrons ; de ne mettre la couche de pâte d'étoiles que très-mince, & de ne tirer les grosses fusées qui en seront garnies, que dans des endroits isolés & découverts, parce que ces pieces étant un peu lourdes, pourroient avant d'éclater tomber assez bas pour mettre le feu quelque part. De tels accidens sont de la prudence & de la derniere conséquence, à prévoir & à éviter.

DIALOGUE DEUXIEME.

Chargement des fusées volantes.

231. *L'AMATEUR.* Si les fusées volantes font, de l'aveu des connoisseurs, les plus belles de toutes les pieces d'artifices, elles font aussi, Monsieur, les plus difficiles à bien exécuter, parce que si l'on manque dans quelques-unes de leurs proportions, on n'y réussit que très - imparfaitement, & le plus souvent point du tout ; ce qui est humiliant pour celui qui les a faites, outre les peines & la dépense qu'elles lui ont occasionnées.

Mais avant de vous montrer à les charger,

je vous citerai un exemple de leur mal-façon
dont j'ai été témoin, afin de vous mettre à
même de juger des foins qu'elles exigent pour
leur parfaite réuffite.

Un de ces *Pyrobolifles* ambulant dont nous
avons parlé, comptant attirer plus de monde à
fes feux d'artifice, annonça qu'il tirerait fous
peu de jours, une fufée volante extraordinaire
de *fix* pouces de diametre.

Je fus curieux de la lui voir faire, & j'arrivai
chez lui au moment où il commençoit à mouler
fon cartouche ; lorfque j'eus vu le rouleau qui
n'avoit que deux pouces de diametre, je lui dis
que fon cartouche feroit trop épais à *fix* pouces;
qu'il ne devoit lui donner que *trois* pouces au
total, parce que la fufée ne réuffiroit certainement pas, s'il la faifoit plus épaiffe.

En effet, après l'avoir finie telle qu'il l'avoit
annoncée, il la promena par la ville & la brûla
le foir: lorfqu'il y eut mit le feu, elle refta
quelque tems fans prendre fon vol, & s'étant
enfin un peu élevée, elle alla tomber fur une
maifon qu'elle penfa incendier.

Cette piece dont tout le mérite confiftoit dans
le cartonnage qui la rendoit trop péfante, quand
elle auroit même été d'épaiffeur convenable,
n'auroit pas fait une belle fufée; car elle ne portoit que très - peu de garniture, ce qui en fait le
plus bel ornement.

Le Comte. Je ne fuis pas étonné, Monfieur, d'après la regle que vous m'avez donnée pour l'épaiffeur des cartouches, que la fufée dont vous venez de me faire le récit ait fi mal réuffi, puifqu'elle excédoit de moitié le diametre qu'elle devoit avoir; mais laiffons ces fortes d'ouvriers dans leur ignorance obftinée, & revenons à notre fujet; car il y a long-tems que je defire de faire une fufée volante.

L'Amateur. Je vais commencer, Monfieur, par vous faire le tableau des différentes compofitions qui conviennent aux fufées volantes: vous y verrez par les chiffres que préfente la premiere colonne, que la même compofition peut fervir pour différens calibres; enfuite nous en préparerons une pour charger la fufée d'un pouce que vous m'avez demandée, dès notre fecond entretien; fa manutention vous guidera pour les autres calibres.

COMPOSITIONS réglées fuivant les différens diametres des Fufées volantes.			
Diametre des Fufées.	*NOMS* des Feux.	des Matieres.	POIDS.
Lignes.			on:. gr.
18, 21 à 24	Brillant	Salpêtre . . .	16 0
		Fleur de foufre. .	4 0
		Charbon . . .	6 0
		Limaille de Fer .	8 0

SUITE DES COMPOSITIONS.

des Fusées volantes.

Diametre des Fusées.	NOMS		POIDS.	
	des Feux.	des Matieres.		
Lignes.			onc.	gr.
18, 21 à 24	Brillant.	Pouffier . . .	16	0
		Émaille de fer.	8	0
18, 21 à 24	Chinois rouge.	Salpêtre . . .	20	0
		Fleur de foufre .	5	0
		Charbon . . .	6	0
		Fonte . . .	10	0
18, 21 à 24	Chinois. blanc.	Salpêtre . . .	16	0
		Fleur de foufre .	8	0
		Pouffier . . .	10	4
		Fonte. . . .	12	0
21 à 24	Rouge.	Salpêtre. . . .	16	0
		Charbon de *hêtre*.	6	0
15 à 18	Rouge.	Salpêtre. . . .	16	0
		Charbon de *hêtre*.	5	0
12	Rouge.	Salpêtre. . . .	16	0
		Charbon de *hêtre*.	4	0
21 à 24	Ordinaire .	Salpêtre . . .	16	0
		Fleur de foufre. .	4	0
		Charbon. . . .	7	4
15 à 18	Ordinaire.	Salpêtre . . .	16	0
		Fleur de foufre .	4	0
		Charbon . . .	7	0
12 à 15	Ordinaire .	Salpêtre. . . .	16	0
		Fleur de foufre. .	4	0
		Charbon . . .	8	0

SUITE DES COMPOSITIONS
des Fusées volantes.

Diametre des Fusées.	NOMS des Feux.	des Matieres.	POIDS.	
Lignes.			onc.	gr.
9, 12 à 15	Ordinaire très-bon.	Salpêtre . . .	17	0
		Fleur de foufre . .	3	4
		Charbon . . .	7	0
9, 12 à 15	Ordinaire bon en hiver.	Salpêtre . . .	1	0
		Charbon . . .	4	0
		Pouffier . . .	20	0
6	Ordinaire.	Salpêtre. . .	16	0
		Fleur de foufre. .	2	0
		Charbon . . .	4	0
18, 21 à 24	Commun.	Charbon . . .	4	0
		Pouffier. . . .	16	0
12 à 15	Commun.	Charbon . . .	3	4
		Pouffier. . . .	16	0
6 à 9	Commun.	Charbon . . .	3	0
		Pouffier. . . .	16	0
12	Blanc.	Salpêtre . . .	16	0
		Fleur de Soufre. .	8	0
		Pouffier. . . .	8	0

N. B. Quand on veut s'amufer de cette fufée que
l'on diroit être une *chandelle allumée* qui s'envole, il
faut, pour y réuffir, ne donner au *maffif* que *deux tiers*
de hauteur, ne mettre que peu de garniture, & enfon-
cer l'étoupille d'amorce jufqu'au *fond* de fon *ame*, afin
qu'elle prenne affez de feu pour s'élever promptement,
parce que fa compofition eft *pefante.*

Pour préparer la compofition de notre fufée,
en prenant, par exemple, le *quart* de chacune

des matieres du feu marqué *très-bon*, nous aurons

onces. gros.

De falpêtre 4   2

De fleur de foufre 0   7

Et de charbon 1   6

Cette quantité nous donnera de quoi en charger *quatre* & plus.

232. Comme la compofition des fufées volantes, des jets de feu & autres gros cartouches,
doit y être comprimée au point de la rendre dure
comme une pierre, par la raifon que je vous
en ai donnée ailleurs ; on l'y verfe en petite
quantité à la fois, avec une mefure proportionnée à chaque calibre, afin de n'en pas mettre plus
à une charge qu'à l'autre.

Cette mefure qui ne doit contenir de matiere,
que pour remplir les cartouches, à la hauteur
d'*un* diametre *intérieur*, eft une cuiller appellée
par les Artificiers *cornée* ou *lanterne*, faite d'une
feule piece de *cuivre* ou de *fer-blanc*, & de deux
formes différentes & inégales.

233. Pour la couper fuivant le développe-
ment de la figure Q (*pl.* 1), on donne de hauteur à la premiere partie, *deux* diametres inté-
rieurs des cartouches; & de largeur par le bas,
un demi diametre de chaque côté de celui du
milieu. L'autre partie doit avoir de hauteur, *un*
de ces mêmes diametres, fur *trois* de largueur,
afin de pouvoir en former, étant arrondie bord

à bord , une *douille* que l'on monte à demeure
fur un petit manche ; enforte que dans cet état ,
la piece reffemble à une *plume* taillée fans bec
par le bout, à moitié de fon épaiffeur. *Pl.* 1, *fig.* R.

234. Outre cette mefure , il faut encore battre la compofition d'un certain nombre de coups,
comptés & appliqués également à chaque reprife de charge , en les proportionnant à la groffeur des cartouches , dont le diametre extérieur
regle la quantité ; c'eft-à-dire , qu'une fufée vo-
lánte de dix-huit lignes, fe frappe de *dix huit* coups;
celle d'un pouce, de *douze* coups à chaque charge,
& ainfi des autres , fans y comprendre *trois* ou
quatre coups que l'on donne d'abord , pour
affervir la compofition.

Ce que je vous prefcris ici, Monfieur , du
nombre des coups, eft bien différent de la pratique de certains Artificiers qui en donnent beaucoup plus ; mais cette quantité eft fuffifante ,
lorfqu'ils font appuyés avec une égale force.

A ces inftructions préliminaires , j'en joindrai
d'autres non moins néceffaires, avant d'en venir
au chargement de votre fufée.

235. Prenez fa broche montée fur fon culot ;
frottez de favon fa bafe & fon bouton, & en-
filez-là dans le cartouche , dont vous remplirez
l'étranglement de plufieurs tours de ficelle , enforte qu'elle n'excede pas fon épaiffeur , parce

qu'alors il ne pourroit pas entrer dans le moule.

Portez le tout fur le billot ; mettez dans le cartouche la *première* baguette à charger (*pl.* 1 , *fig.* O , *a*), & frappez deffus quelques coups de maillet, pour le faire defcendre & appuyer fur le bouton de la broche : retirez la baguette , & introduifez fur la broche , la baguette *maffive* (*pl.* 1 , *fig.* O , *m*), avec laquelle vous marquerez fur le cartouche la *hauteur* du *maffif* , qui eft l'*épaiffeur* de cette baguette , au-deffus de la broche. *Pl.* 2 , *fig.* K.

Frottez le cartouche avec du favon , & s'il fe trouve plus foible que le trou du moule , enveloppez-le d'*un* ou *deux* tours de papier, jufqu'à la hauteur du deffus du *maffif*, fans couvrir la marque que vous avez faite ; & enfilez le tout dans le moule que vous arrêterez fur le culot, avec les agraffes. *Pl.* 2 , *fig.* L.

Dans cet état, fi la broche & le moule font faits dans les proportions prefcrites , la *hauteur* du *maffif* affleurera le *deffus* du moule , ou l'excédera de peu de chofe.

236. Mais comme quelques cartouches, à caufe de leur plus d'épaiffeur , pourroient bien ne pas entrer dans les moules , on les couvre de *deux* rangs de ficelle câblée , jufqu'à la hauteur du *maffif*, en commençant par remplir l'*étranglement* avec la ficelle. On les charge fans

moule ni culot, en mettant la *queue* de la broche dans l'un des trous convenable du billot à demeure portatif, qui sert alors de *culot*. Pl. 2, *fig*. M?

Le Comte. Mais, Monsieur, en supposant les cartouches plus forts, ne pourroit-on pas se dispenser de les envelopper de ficelle? Cette opération doit emporter du tems.

L'Amateur. Une personne comme vous, Monsieur, qui peut en disposer à son gré, & qui veut faire son amusement des artifices, ne doit pas compter le tems qu'elle y passe, sur-tout lorsqu'elle est jalouse de bien réussir ; & c'est pour y parvenir, que je vous fais souvent de petits détails pratiques, que tels Artificiers négligent & regardent comme des bagatelles qui ne méritent pas la peine de s'y attacher ; aussi les voit-on quelquefois manquer, pour n'avoir pas apporté dans leur ouvrage toute l'attention qu'il demande.

237. La ficelle dont on enveloppe les cartouches trop épais, les soutient & les fait résister à la charge. On peut même, à défaut de moules, ou lorsqu'ils ne sont pas régulierement faits, user de cette précaution pour tous les cartouches ; mais passons au chargement de notre fusée.

238. On met dans le cartouche, autant de *terre grasse* tamisée qu'il en faut pour ne faire que quelques lignes d'épaisseur, lorsqu'elle est foulée.

foulée : on la bat ferme de plusieurs coups de maillet, avec la *premiere* baguette percée que l'on frotte de savon ; ainsi que les autres, quand elles n'enttent pas librement, & on la retire, pour couler une *cornée* de composition ; en inclinant un peu le cartouche, afin de ne pas la verser à côté.

On remet doucement la baguette ; on frappe dessus, je le répete, *trois à quatre* coups, pour asseoir la composition : on souleve un peu la baguette, pour faire retomber la composition qui a pu monter, & on donne les *douze* coups de suite.

On répete *trois* fois cette opération, en observant à chaque charge, ainsi qu'aux subséquentes, de vuider la baguette par un coup de maillet, pour en faire sortir la composition qui peut y rester, & l'engorger au point de la casser ; & pour ne pas se tromper dans le nombre des charges, on les compte avec des pieces de monnoie que l'on passe alternativement d'un côté de la table à l'autre.

On doit encore observer à chaque chargement de baguette, qu'elle ne porte pas sur la pointe de la broche, parce que celle-ci la fendroit au premier coup ; & lorsqu'elle y porte, on met une charge que l'on bat avec la précédente baguette.

H

On prend alors la *seconde* baguette percée
(*pl.* 1, *fig.* O, *b*) avec laquelle ou foule encore
trois charges, l'une après l'autre.

On charge enfuite jufqu'à la hauteur de la
broche, avec la *troifieme* baguette percée (*pl.* 1,
fig. O', *c*), en mettant auffi *trois* charges l'une
après l'autre, ou une *quatrieme* fi l'on n'a pas
atteint la pointe de la broche.

239. Enfin on acheve de charger la fufée, en
battant fon *maffif*, & toujours charge à charge,
avec la *quatrieme* baguette non percée (*pl.* 1, *fig.*
O', *m*), en la rempliffant jufqu'à la *hauteur* de la
marque tracée fur le cartouche. Si la compofition
l'excede, on en ôte un peu en la grattant avec
un poinçon, & on la refoule.

240. Lorfque le maffif eft trop haut ou trop
court, il en réfulte *deux* défauts, dont l'*un* pour
le plus de hauteur, eft de voir retomber la fufée
avant de jetter fa garniture; l'*autre* au contraire,
eft de la lui voir jetter à la moitié de fa courfe.

241. Sur quoi je vous obferverai que lorfque
les fufées ont le premier défaut, même à *un* diametre de hauteur de maffif, on doit en retrancher quelques lignes; de façon cependant à ne
pas tomber dans l'autre défaut, parce que le
remede feroit pis que le mal.

Le Comte. Permettez-moi, Monfieur, de vous
obferver à mon tour, que fi d'un côté vous me

donnez une regle que vous détruisez de l'autre,
je ne saurai pas à quoi m'en tenir ; puisqu'après
avoir fixé le maffif des fusées à un diametre de
hauteur, & l'avoir même marqué fur les cartouches, pour ne pas l'excéder en le chargeant ;
vous me dites d'en retrancher quelques lignes,
quand les fusées retombent avant de jetter leur
garniture. Cette regle n'eft donc pas confiante ?

L'Amateur. Elle ne l'eft, Monfieur, qu'autant
que les fusées n'ont pas le défaut que je vous
préviens d'éviter ; & fi j'ai commencé par vous
établir des principes , il ne s'enfuit pas qu'on ne
puiffe quelquefois s'en écarter, pourvu qu'il n'y
ait que très-peu de différence.

D'ailleurs le moins de hauteur du maffif que je
vous indique , fur-tout pour les groffes fusées,
eft fondé fur des expériences qui m'ont très-
bien réuffi. Au furplus fi, à un diametre de
maffif , les fusées jettent leur garniture, étant
encore debout , ou quand elles commencent à
retomber, ce n'eft pas un défaut. Je ne m'éloigne
donc de la regle , que de quelques lignes qui ne
changent rien à l'effet des artifices ; lorfque
vous les connoîtrez plus profondément , vous
verrez que je ne vous ai rien avancé au hafard :
mais revenons à notre fusée.

242. Pour la finir & la bien fermer , il n'y a
pas moins de précautions à prendre, que pour la

bien charger, parce que si elle est mal recouverte
elle se *défonce*, lorsqu'on y met le feu ou qu'elle
prend son vol; c'est-à-dire, que la composition
étant poussée trop vivement par l'action du feu,
sort avant d'être consumée, par la *tête* de la fusée
qui n'est pas assez fermée pour lui résister ; & si
par hasard la garniture qu'elle chasse brusque-
ment prend feu, elle peut se porter dans quelque maison & l'embrâser : je ne peux donc trop
vous répéter d'apporter tous vos soins, pour
éviter ces défaut & accident.

143. Lorsque la fusée est chargée à la hauteur
susdite, on marque sur un fort morceau de carton, le diametre du *massif*, en le frappant dessus.
On le perce d'*un* ou *deux* trous, avec l'emporte-
piece, & on le coupe pour en former une rouelle
dont on ouvre la composition, en la foulant avec
la baguette.

On peut, si on le trouve plus commode,
mettre en place de cette rotule, un moule de
bouton plat, percé au milieu, & du diametre de
la matiere des cartouches, sur environ une ligne
d'épaisseur, en observant de ne pas le casser en
l'introduisant.

244. On met dessus une bonne charge de *relien*,
de façon cependant à laisser un certain vuide
au-dessus pour l'usage suivant.

245. Cette poudre qui est la *chasse* de la garni-

ture, fe couvre d'un tampon de papier que l'on
bat avec le maffif, & on rabat par deffus avec
un poinçon les révolutions du cartouche, à
la derniere près, enforte qu'elles couvrent entierement le tampon.

246. Alors on prend le *maffif* de la fufée de
quinze lignes, pour fervir de baguette à *rendoubler*: on en foule bien le carton rabattu, & on
le perce, ainfi que le tampon, d'*un* ou *deux* trous,
avec l'emporte-piece, jufqu'à la poudre qu'il
faut découvrir; on s'en affure en la grattant avec
une pointe de fer, & en faifant tomber dans la
main un peu de fa pouffiere; fans quoi le feu
de la fufée ne fe communiqueroit pas dans le pôt.

Bien des Artificiers mettent le tampon immé-
diatement fur la compofition, & la chaffe par
deffus; mais j'ai imaginé de la renfermer dans le
cartouche, & de la couvrir avec le tampon;
parce qu'en le perçant jufqu'à la chaffe, on ne
rifque pas d'entamer & d'affoiblir le maffif; ce
qui arrive quelquefois, quand le tampon porte
deffus.

247. Si la fufée a été chargée dans le moule,
on la pouffe dehors avec une baguette, la broche toujours dedans, & fans frapper deffus,
crainte d'ébranler la matiere; ce qui dérangeroit
l'ame de la fufée: ou on ôte la ficelle, fi elle en a
été couverte.

148. On la dégage de la broche, en la tournant
dessus deux ou trois fois, pour bien lisser les pa-
rois de son ame, parce que s'il y avoit quelques
cavités, le feu y trouvant plus d'accès, pourroit
la faire crever, ou détourner son vol.

149. Après quoi on coupe à fleur la derniere
révolution du cartouche, qui alors a quelque
chose de moins de hauteur que *six* fois son
épaisseur : ce que je m'étois précédemment ré-
servé de vous observer.

Le Comte. J'ai voulu, Monsieur, entierement
finir ma fusée, avant de vous demander pourquoi vous m'y avez d'abord fait mettre une petite charge de terre grasse ; quelle est donc son
utilité ?

150. *L'Amateur.* On ne doit jamais oublier, Monsieur, de *terrer* les fusées volantes, parce que
leur intérieur étant enduit de terre grasse,
celle-ci empêche leur gorge de brûler, & par
conséquent de s'élargir ; ce qui leur fait jetter
une plus longue queue de feu.

251. Quand on a chargé le nombre de fusées
qu'on s'est proposé de faire, on les amorce
avec un bout d'étoupille de deux ou trois pouces de long, suivant la grosseur des cartouches ;
on l'introduit dans leur ame, de façon qu'elle
atteigne un peu la composition : on l'arrête dans
leur gorge avec de la pâte, & on roule le bout

saillant dans la concavité de l'écuelle (pl. 2, fig. N, a), que l'on couvre de deux ronds de papier brouillards b, collés sur l'épaisseur des cartouches ; c'est ce que l'on appelle bonneur ou coëffer les fusées.

252. Les autres fusées volantes se chargent, se finissent, s'amorcent & se couvrent de même. On doit seulement avoir l'attention de changer de baguettes percées, par moitié de la longueur des broches pour les petites, & par quart pour les grosses fusées ; en observant de moins remplir de composition, la cuiller de ces dernieres, afin de la mieux comprimer.

253. Et comme il arrive quelquefois que les broches sont trop adhérentes aux gros cartouches, pour pouvoir les séparer à la main, malgré le savon dont on doit frotter leurs bases & boutons, on serre leurs queues dans un étau de Serrurier, afin d'en détacher les fusées, en les tournant dessus à plusieurs reprises, & avec cette précaution, de mettre deux petits morceaux de bois, entre les mâchoires de l'étau, crainte de gâter les queues des broches.

Hiv.

DIALOGUE TROISIEME.

Maniere de garnir les fusées volantes.

254. *Le Comte.* Je reconnois de plus en plus, Monsieur, la vérité de ce que vous m'avez dit au commencement de notre second entretien, qu'il y avoit bien des choses à faire, avant d'en venir à l'exécution des fusées volantes, puisque malgré tout ce que j'ai fait pour y parvenir, je ne sais pas encore la façon de les garnir.

L'Amateur. Ajuftons d'abord, Monsieur, un pot fur votre fusée d'un pouce, & ensuite nous la garnirons.

255. Coupez la *douille* du pot tout autour, à *quatre* ou *cinq* lignes de hauteur, & mouillez-la de colle, ainsi que la tête de la fusée : introduisez celle-ci dans la douille, à fleur du fond du pot, & bien droite, & retenez-les ensemble avec deux ou trois boucles de fil à nœuds coulans, que vous couvrirez d'une bande de papier brouillard, aussi collé, & un peu plus haute que la douille, *Pl.* 2, *fig.* N, *p, d.*

256. Outre la capacité & la hauteur des pots, telles qu'elles font fixées fur le tableau des différens calibres des fusées volantes, il y a encore, Monsieur, une proportion à observer pour les

remplir; c'eft de n'y mettre de *ferpenteaux*, d'*étoiles* ou autres *artifices*, que le *poids* du *corps* de la *fufée*, y compris le *pot* & fes acceffoires; c'eft-à-dire, qu'une fufée de *trois* onces, par exemple, n'en doit pefer que *fix* toute finie, & ainfi pour d'autres.

D'après ces principes, pour garnir votre fufée, qui pefe environt *trois* onces, il faut *dix-huit* ferpenteaux. Voyez, Monfieur, fi cette quantité entrera dans fon pot.

Le Comte. Vous voulez vous amufer, Monfieur, car il ne peut en contenir que quinze, ce qui détruit votre regle, à moins de faire le pot d'un plus grand diametre.

L'Amateur. Sans augmenter, Monfieur, le diametre du pot, que je favois bien ne pouvoir contenir que quinze ferpenteaux, bornons-nous à cette quantité; quoiqu'elle démente la regle du *poids* de garniture, *égal* à celui des *fufées*; & comme cette regle n'eft de rigueur que pour ne pas excéder le poids de ces dernieres, on peut s'en écarter en moins, fans craindre de manquer; votre fufée fera à la vérité un peu moins garnie; mais elle montera plus haut; parce que le feu aura moins de poids à enlever.

Une chofe qui vous paroîtra encore plus détruire la regle que je viens d'établir, c'eft que pour garnir votre fufée d'*étoiles*, il faudroit en mettre autant pefant que les *quinze* ferpenteaux, ce qui en donneroit *cinquante-une* ; mais le pot pour cette garniture, étant un peu plus court, ne peut en contenir que *quarante-deux* ; ce qui fait environ une demi-once de charge de moins : n'importe, votre fufée n'en fera pas moins belle.

Si à ces étoiles, vous ajoutez un petit *marron* qui y fait affez d'effet, parce qu'il femble qu'elles fortent de ce petard, il faut alors en mettre autant pefant de moins, & ainfi pour d'autres fufées, & pour un plus grand nombre de marrons.

Le Comte. Mais, Monfieur, comment le feu qui fort de la tête de la fufée, peut-il donc enflammer & pouffer dehors les garnitures, puifque vous m'avez fait renfermer la chaffe dans le corps de la fufée ?

L'Amateur. Si on s'en tenoit, Monfieur, à cette chaffe que j'appelle la *ratiffoire* des cartouches, parce qu'elle emporte le feu qui peut y refter, les garnitures ne prendroient certainement pas feu ; mais pour qu'elles s'enflamment fubitement, on procede de la maniere fuivante.

257. On met dans le fond du pot, *une* ou *deux* petites *cornées* de la compofition des fufées, & on y mêle un peu de *relien* & de *pouffier*, pour fervir d'amorce de *chaffe* : on arrange deffus les ferpenteaux, ou la pluie de feu en cartouches,

fe bout amorcé en bas, & on les empêche de balotter, en les ferrant entr'eux, avec quelques petits rouleaux de papier.

- Lorfque l'on garnit les fufées en étoiles, en pluie de feu, en grains ou en étincelles, il faut les rouler encore dans du pouffier, & après les avoir mifes fur l'amorce de chaffe, les faupoudrer avec de la même compofition que deffus.

258. On acheve de remplir les pots, en mettant fur les garnitures plufieurs doubles de papier chiffonné, & on les couvre d'un rond de papier gris, d'un diametre un peu plus grand, afin de pouvoir le *taillader* tout autour, & le coller fur le bord des pots. *Pl.* 2, *fig.* N, r.

Le Comte. A quoi fert donc, Monfieur, ce papier chiffonné & celui collé par-deffus ? puifqu'il faut encore couvrir les pots avec des chapiteaux ? ils font de pure ornement.

259. *L'Amateur.* Ce papier chiffonné qui eft une forte de *bourre*, fert, Monfieur, à contenir les garnitures dans le pot, & celui dont on le couvre, les empêche de fe déranger, lorfque par hafard on renverfe les fufées ; & comme elles monteroient plus difficilement, fi on laiffoit leurs pots tels que nous venons de les finir, on les termine par un couvercle *conique*, dont la pointe facilite leur vol, parce qu'elles trouvent moins de réfiftance à fendre l'air.

260. Pour ajuſter ce chapiteau, on le dentelé tout autour, de façon à y laiſſer un petit recouvrement que l'on enduit de colle, ou on le coupe du diametre du pot: on le poſe bien droit deſſus, & on les arrête enſemble avec une bande de papier brouillard collé, (*pl.* 2, *fig.* Q eſt celle de ce chapiteau pret à être mis ſur le pot, tel qu'il eſt ponctué, même planche, *fig.* N, *c*, & qu'on le voit auſſi même planche, *fig.* P, *c*, ſur une fuſée toute montée).

261. Les autres fuſées ſe garniſſent & ſe chapitonnent de la même maniere; mais comme celles de ſix lignes ne ſe tirent gueres ſeules, à moins de vouloir s'en amuſer en particulier, on en garnit quelques-unes avec des pots, & on en fait d'autres à petards, en mettant un gros poids ſur leur maſſif, & par deſſus une bonne charge de poudre fine grainée : on les couvre avec un petit tampon de papier, & on les étrangle.

262. On peut en employer des unes & des autres, dans les garnitures des groſſes fuſées, en place de ſerpenteaux, en les décoëffant avant de les y mettre, & en obſervant toujours que leur poids au total, ſoit un peu moindre que celui de ces dernieres, dont les pots doivent être un peu plus hauts, lorſque ces petites fuſées ſont garnies ; mais il ne faut tirer ces fuſées volantes que dans des endroits découverts, & éloignés des

maifons, parce que ces garnitures font lancées
très-rapidement & irrégulierement de tous côtés,
par la vivacité du feu de leur ame : auffi leur effet
eft-il fingulier.

163. A mefure que l'on garnit les fufées, il
faut avoir foin d'écrire fur leurs pots, les lettres
initiales de chaque efpece d'artifices qu'ils contiennent ; par exemple, fur ceux à étoiles E, fur
ceux à ferpenteaux ordinaires S, & S B lorfqu'ils
font brochetés, & ainfi pour d'autres garnitures ;
(vous verrez quand nous parlerons de la façon
de tirer les fufées, pourquoi on les marque ainfi).

164. Je vous obferverai encore que les fufées,
dans les compofitions & garnitures defquelles il
n'entre ni fonte ni limaille, fe gardent auffi long-
tems que l'on veut, pourvu qu'elles foient bon-
netées, & qu'on les tienne dans un lieu fec : j'en
ai quelque fois tiré faites d'un an & plus, & je
ne me fuis jamais apperçu qu'elles euffent la
moindre altération. Il en eft de même de tous les
autres artifices non brillans.

165. Quand on veut faire des *gerbes* de fufées
volantes (on appelle ainfi un certain nombre de
fufées que l'on tire d'un feul coup de feu, au
moyen d'une *caiffe* dont nous parlerons plus
loin, & dans laquelle on les renferme), on
prend de celles de *neuf* lignes, nommées pour cet
effet, *fufées de caiffe.*

266. Les Artificiers , foit par économie ou pour en abréger l'ouvrage, ne font point de pots à ces fufées , lorfqu'ils les deftinent à cet ufage; ils roulent feulement fur chaque cartouche, une bande de papier gris de deux révolutions, pour en former un *étui*, qu'ils collent à l'extrémité de la tête de la fufée, en le laiffant déborder de plus de la hauteur de la garniture qu'ils mettent dedans , afin de pouvoir le nouer par deffus, pour tenir lieu de *chapiteau*.

267. Quoique ce procédé économique ; comme vous le voyez, Monfieur, détruife encore plus la regle du poids dés garnitures, puifqu'il en retranche au moins la moitié, on peut cependant le fuivre ; mais je préférerai toujours de mettre des pots à ces fufées, parce qu'elles forment en l'air un *bouquet* d'étoiles, d'autant plus beau & plus furprenant, qu'il eft plus abondant en feu.

Le Comte. Vous vous expliquez trop clairement , Monfieur, pour me laiffer autre chofe à vous demander , finon quelles font les quantités des différentes efpeces de garnitures, convenables à chaque calibre de fufées, afin de ne pas me tromper pour les garnir ?

268. *L'Amateur.* S'il falloit, Monfieur, vous donner par efpeces, les garnitures que les fufées peuvent porter, ces détails deviendroient en-

nuyeux, & en ne vous laiſſant plus rien à faire,
ils vous priveroient du plaiſir d'une combinaiſon
fort ſimple ; puiſqu'il n'eſt queſtion, ainſi que je
vous l'ai dit plus haut, que de ſubſtituer à la
place des ſerpenteaux, le même poids ou approchant, d'*étoiles*, de *pluie* de *feu*, &c.

269. Cependant, pour plus de facilité, je vais
vous tracer un tableau des quantités de ſerpenteaux ordinaires & d'étoiles, que les pots des
fuſées peuvent contenir, afin de vous régler dans
l'emploi des autres artifices de garnitures, dont
vous proportionnerez le volume à la capacité
des pots, c'eſt-à-dire, que ſi vous voulez, par
exemple, garnir une fuſée en pluie de feu en cartouches, & que la totalité ne puiſſe pas entrer
dans le pot, eu égard au même poids de ſerpenteaux qu'il contient, vous n'en mettrez que ce
qui pourra y entrer, ainſi que vous l'avez fait
pour les étoiles de votre fuſée d'un pouce.

270. Cette obſervation me conduit à vous
dire, que les fuſées peuvent encore ſe garnir
avec différentes eſpeces de garnitures enſemble ;
comme des ſerpenteaux ou de la pluie de feu en
cartouches, en les rangeant autour du pot, &
dans le centre des étoiles, &c. avec un marron ;
mais toujours en proportion du poids des fuſées.

QUANTITÉS RÉGLÉES de Serpenteaux ou d'Etoiles par calibres de Fusées volantes.		
Diametre des Fusées.	Serpenteaux ordinaires.	Etoiles.
6 lignes.	5	6
9	8	18
12 ...	15	42
15	27	72
18 ...	36	100
21	48	140
24 ...	66	200

Je ne vous laisserai pas non plus ignorer, Monsieur, que les grosses fusées se garnissent aussi avec certains artifices, qui, leur tenant lieu de garnitures, représentent, suivant l'arrangement qu'on leur donne, diverses figures *fixes* ou *mobiles*; mais comme l'ensemble de ces fusées, outre qu'elles font de difficile exécution, & plus dispendieuses, nuit beaucoup à leur vol, & que la plupart laissent à peine voir les figures qu'elles portent, je n'entreprendrai pas de vous en parler; & cela avec d'autant plus de raison, que les garnitures ordinaires vous fourniront assez de quoi
vous

vous amufer, fans vous occuper de celles-là qui
font moins le fait d'un Amateur , que d'un bon
Artificier , fur les droits duquel d'ailleurs il ne
me convient pas d'empiéter.

DIALOGUE QUATRIEME.

Maniere de monter les Fufées volantes fur des baguettes,
& de les tirer.

271. LE COMTE. Lorfque vous m'aurez enfeigné, Monfieur, quelle forte de bois il faut
prendre pour faire des baguettes, & la maniere
de les ajufter fur les fufées volantes; fans doute
que je tirerai celles que j'ai faites, car je fuis curieux de voir fi j'y ai réuffi ?

272. L'*Amateur.* Comme les baguettes fervent,
Monfieur, de *contre-poids* aux fufées, afin de di-
riger leur vol en ligne *droite*, & qu'elles doivent
les tenir toujours *debout*, la gorge *en bas*, on les
fait de bois léger, tels que le *fapin*, le *coudre*
l'*orme*, la *manciane*, &c.

273. Celles de fapin qui ne s'emploient que
pour les fufées de dix-huit lignes & au - deffus,
doivent être faites par un Menufier intelligent,
avec des *tringles* fciées dans des planches bien
droites & fans nœuds: on leur donne de *longueur*,
huit ou *neuf* fois celle du corps des fufées, &

d'épaiſſeur & largeur par un bout, environ un demi diametre extérieur des cartouches; ſur un peu moins de moitié, à l'autre bout: on les dreſſe ſur tous ſens, dans toute leur longueur, & on pratique à leur gros bout, une *canelure* plus longue que les fuſées, & aſſez profonde pour les embraſſer en partie, en joignänt deſſus; on abat tant ſoit peu les *arrêtes*, & on termine le *ſommet* du gros bout en *chamfrain*. *Pl.* 2, *fig.* P, *b*.

274. Quant aux baguettes de *branchages*, dont on ne ſe ſert que pour les moyennes & petites fuſées, il faut les choiſir bien droites & de différentes longueurs, & les couper dans le tems de la ſève, afin de pouvoir les peler tout de ſuite, en abattant leurs nœuds; parce que j'ai remarqué que celles de *coudre*, ſur-tout, ſe trouvent ſouvent moulinées de vers, lorſqu'on y laiſſe l'écorce; ce qui les fait caſſer en les maniant.

On en forme des bottes que l'on noüe pour les faire ſécher à l'ombre; & quand on veut employer de ces baguettes, comme elles vont naturellement en diminuant, il ne s'agit que de couper à *plat*, & d'un peu plus de la longueur des fuſées, la *moitié* de leur épaiſſeur par le gros bout, & de l'abattre en talus.

Le Comte. Quand les baguettes ſont ainſi préparées, comment les attache-t-on donc, Monſieur, ſur les fuſées, pour en contrebalancer le poids?

275. *L'Amateur.* On couche , Monſieur , la
fuſée dans la canelure de la baguette de ſapin ou
ſur le plat de celles de branchages , le bout ſous
la ligature du pot , & on les arrête enſemble au
milieu , avec trois ou quatre boucles de ficelle ,
non à demeure.

276. On les met en *équilibre* , ou ſur le doigt
ou ſur la lame d'un couteau, en y poſant la baguette, à un pouce & demi ou deux pouces de
diſtance de la gorge de la fuſée : ſi celle-ci l'emporte, on deſcend un peu la baguette ; & ſi elle
ſe trouve encore trop *légere* , on en eſſaie une
autre.

Mais ſi elle eſt plus *peſante* que la fuſée , on
ôte de ſon épaiſſeur tout du long, ou on la diminue de longueur par le gros bout, ſi elle a
plus de *huit* ou *neuf* fois celle du cartouche : (je
parle pour cette longueur, d'une baguette de
ſapin ; car celle de brin étant beaucoup plus me-
nue, on ne peut ſouvent rencontrer ſon équilibre,
qu'en lui donnant une longueur au-delà de la
regle ; mais auſſi la fuſée monte-t-elle plus droit).

277. Lorſque les baguettes *contrebalancées* à la
diſtance ſuſdite de la gorge des fuſées , les
tiennent en parfait *équilibre* , on les dénoue & on
leur fait de petites *entailles* en travers ; ſavoir,
trois ſur celles de ſapin , & *deux* ſeulement ſur
celles de branchages ; la *premiere* un peu au-deſſous

du chamfrain ; la *seconde* à la hauteur de l'étran=
glement des cartouches, & la *troisieme* au milieu ;
& on les attache enfemble, & bien ferme fur
chacune des entailles, avec *deux* ou *trois* boucles
de petite ficelle à nœuds de l'Artificier, arrêtés
d'un autre *nœud* par deffus. *Pl.* 2, *fig.* P, *a*, *d*, *e*.
(toutes les ligatures des artifices doivent être
faites ainfi).

Le Comte. Et pour tirer les fufées, quelle eft
donc, Monfieur, la façon de s'y prendre ?

278. *L'Amateur.* Il y a, Monfieur, différentes
manieres de fufpendre les fufées pour les tirer ;
mais la plus aifée & la plus avantageufe à leur
vol, eft de lés pofer debout au haut d'une *per=*
che, que l'on appelle *chevalet.*

279. Cette perche *f*, de huit pieds neuf pou=
ces de longueur, pour les fufées de vingt-un &
vingt-quatre lignes ; & de fix pieds pour celles
de dix-huit lignes & au-deffous, doit avoir deux
pouces en quarré, & porter à un bout un *tenon*
à mortaife, de quatre pouces de long, pour entrer dans celle pratiquée au *milieu* d'un fort *pied*
de bois, affemblé en *croix g.*

On donne aux *branches* de ce pied, dix-huit
pouces de longueur, cinq de hauteur, & trois de
largeur; & on les dégroffit de *moitié* par deffous,
à la longueur d'un pied, afin que leurs bouts
aient encore trois pouces de longueur, pour plus

d'affiette. On y monte la perche de fix pieds (je vous cite celle-là, parce qu'on en fait plus d'ufage que de l'autre), & on la retient ferme par deffous avec une clef mobile, faite en bois.

On y trace une ligne fur toute la longueur du milieu de fes faces, & on pique fur chacune, à un pouce de diftance du bout, un long *clou* à *crochet* 1, dont on arrondit la pointe : on pofe fur ce clou & entre le crochet, une fufée de dix-huit lignes, montée fur fa baguette que l'on fait porter le long de la ligne ; & pour la tenir dans cette fituation, on pique encore fur la perche de chaque côté de la baguette, en defcendant de dix-huit en dix-huit pouces, *deux* clous *faillans* & fans *tête*, de façon que la baguette puiffe en fortir, & y rentrer très-librement. (*Pl.* 2, *fig.* P, eft celle de ce chevalet portant une fufée, dont la baguette eft guidée par les clous marqués 1, 2, 3, 4, 5 ; on en fait autant fur les autres faces, pour les fufées de neuf, douze & quinze lignes, & ainfi fur la grande perche, pour celles de vingt-une & vingt-quatre lignes).

280. Les chevalets ainfi difpofés, on monte fur fon pied celui qui convient à la plus longue baguette des fufées que l'on fe propofe de tirer : on les décoëffe toütes, en faifant pendre l'étoupille roulée dans leur gorge, & on les accroche l'une après l'autre fur la perche, au portant qui

I iij

leur eſt propre, en logeant la baguette entre les
clous de *guidon*, & en commençant toujours
par les plus petites fuſées ; la premiere à ſerpenteaux ou petards, la ſeconde à étoiles, & ainſi
par gradation, & on leur donne feu avec une *lance*
enflammée, attachée au bout d'une longue
baguette, en obſervant de ne pas ſe mettre deſſous, crainte de ſe brûler.

On peut, ſi l'on veut, faire partir de tems en
tems deux ou trois fuſées à la fois, en les rangeant de même ſur les autres faces du chevalet,
& en paſſant promptement la lance à feu de
l'une à l'autre.

Le Comte. Cette façon, Monſieur, d'accrocher
les fuſées, l'une après l'autre, doit être un peu
longue : ne pourroit-on pas avoir encore une
autre ſorte de chevalet, ſur lequel on pût en arranger au moins une douzaine, afin de les tirer
ſucceſſivement & ſans intervale de tems ?

281. *L'Amateur.* Lorſqu'on deſire, Monſieur,
diſpoſer d'avance, par exemple, *quatorze* fuſées,
pour les tirer de ſuite, il faut être pourvu d'un
chevalet compoſé de trois tablettes de ſapin,
portées par deux perches, montées ſur des pieds
ſemblables au précédent.

282. Ces tablettes d'un pied de largeur & de
ſix de longueur, doivent avoir à un pied de diſtance du milieu de leurs bouts, une *mortaiſe* de

deux pouces en quarré, & être fortifiées par
deffous avec une barre auffi à mortaife, de cinq
pouces de largeur.

On en compaffe une fur chaque rive, & par
moitié fur fa largeur, en fept parties égales, &
on fait à chacune des douze divifions du dedans,
& à celle du milieu des bouts de cette tablette,
une *entaille* de deux pouces en quarré : on y pique à mi - bois, toujours à droite d'un côté,
& à gauche de l'autre côté, un long *clou à cro-*
chet, de façon qu'il ne défafleure pas l'entaille, &
qu'il foit affez éloigné de fa coupe, pour y paffer aifément la baguette d'une fufée de quinze
lignes ; & afin de ne pas pofer fa gorge fur le
bord de la tablette, on y attache à fleur du fond
des entailles, & de toute leur largeur, un petit
taffeau d'un pouce.

On donne aux perches de cinq pieds huit pouces, trois pouces d'équarriffage, à la longueur
de deux pieds & demi, y compris celle des tenons ; & on diminue le reftant d'un demi-pouce
de chaque côté ; ce qui le réduit à deux pouces
en quarré : on y pratique *cinq mortaifes* d'un demi-
pouce d'ouverture ; la première à un pouce du
bout ; la feconde un peu au-deffous, en laiffant
entre les deux l'épaiffeur de la tablette entaillée;
les troifieme & quatrieme de même au milieu,
& la cinquieme au-deffus de l'épaiffeur de la

I iv

derniere tablette qui doit porter fur l'arafement des perches, lefquelles ainfi difpofées, fe montent fur les pieds en croix, & s'y retiennent avec quatre écharpes de deux pouces de largeur, affemblées à tenons & mortaifes, & chevillées à demeure.

On les enfile dans les tablettes, & on fait porter celles-ci fur des clefs de bois, paffées dans les mortaifes, & en travers des planches que l'on numérote du même côté, 1, 2, 3, afin de retrouver leur établiffement, lorfqu'elles font démontées.

283. Le chevalet dreffé, on fufpend à un de fes portans une fufée de quinze lignes, & on fait tomber à plomb fa baguette fur les deux autres tablettes, où l'on fait des entailles affez larges & affez profondes, pour y loger à l'aife la groffeur de la baguette ; & afin de l'y tenir toujours droite, on attache par un bout, fur la feconde tablette, en travers de fon entaille, & un peu éloigné de la baguette, un petit *tourniquet*, dont on arrête la portée par derriere l'autre bout, avec une pointe piquée fur la tablette : on ouvre le tourniquet pour ôter la baguette, & on en fait autant fous les autres entailles, au moyen de quoi on a un chevalet qui peut porter *quatorze* fufées de 9, 12 où 15 lignes.

Ainfi fini, on le démonte, on arrondit un peu

fur les angles les bouts des tablettes, pour éviter de les caffer, & on met le tout en gros rouge terne, pour plus de propreté. (Il faut y mettre auffi les machines en bois qui fervent à faire jouer les artifices.)

Si on vouloit avoir un chevalet de douze pieds, il faudroit prendre des planches de cette longueur, les arranger de même, & y mettre un troifieme pied au milieu; mais un tel chevalet feroit trop embarraffant pour un particulier, & ne convient qu'à des Artificiers de profeffion.

Le Comte. Vous m'avez précédemment parlé, Monfieur, d'une caiffe dans laquelle on renferme un certain nombre de fufées, pour en former une gerbe de feu; quelle eft donc la façon de la conftruire?

284. *L'Amateur.* Cette caiffe fe fait, Monfieur, avec quatre planches de fapin de cinq pieds quatre pouces de longueur, clouées bord à bord, les unes fur les autres, à treize pouces trois quarts d'ouverture dans œuvre, afin de pouvoir contenir *foixante-quatre* fufées de neuf lignes avec leurs pots; & elle fe ferme par deffus avec un couvercle mobile, portant un petit rebord faillant d'un pouce fur chaque face.

On a deux tringles de bois dur de treize pouces $\frac{3}{4}$ de longueur, fur dix lignes d'épaiffeur & fix de largeur, dans lefquelles on affemble huit traverſes auſſi de bois dur, & de treize pouces trois quarts de longueur, ſur dix lignes en quarré; la premiere à fleur des bouts, la ſeconde à dix lignes de diſtance de celle-là, & ainſi des autres.

On compaſſe ces traverſes en huit parties égales, en laiſſant un pouce à chaque bout, y compris les ſix lignes d'aſſemblage; & on les perce au milieu de chaque ligne de diviſion, d'un trou à paſſer librement les baguettes qui doivent être bien droites & unies.

On poſe ce chaſſis qui forme une *grille*, ſur une planche de ſapin de même grandeur, & on perce celle-ci de *ſoixante-quatre* trous à plomb des premiers.

Lorſque toutes les pieces de la caiſſe ſont faites, on les aſſemble ainſi.

On attache d'abord la grille, avec de longs clous d'épingle, ſur deux planches oppoſées, à *neuf* pouces de diſtance de leurs bouts, (*pl. 3, fig.* A, *g*) & enſuite le fond percé, à deux pieds au-deſſous de la grille *f*, les trous à plomb les uns ſur les autres. On cloue une troiſieme planche 3, en obſervant de la mettre ſur la premiere traverſe du chaſſis; & la derniere planche ſe coupe en *trois* morceaux: le plus long de deux pieds ſix pouces deux lignes, s'attache depuis l'affleurement de la tablette percée juſqu'en bas,

& le moyen de deux pieds, deux pouces dix lignes, à fleur du deſſus de la caiſſe ; le dernier enfin ſert de *trappe*, en le retenant entre les deux autres, avec deux petits tourniquets, ou en le faiſant à couliſſes.

Le Comte. Je prévois d'avance, Monſieur, la façon d'arranger les fuſées dans cette caiſſe ; mais comment prennent-elles donc feu toutes à la fois ?

285. *L'Amateur.* Quand on veut, Monſieur, faire uſage de cette caiſſe, on l'attache ferme à un poteau ſcellé en terre, avec une corde paſſée dans des trous faits ſur la planche du fond de la tablette percée.

On couvre la grille avec une feuille de papier gris, à laquelle on donne la forme d'un *moule à biſcuits*, & on la creve tant ſoit peu ſur chaque trou.

On y répand un peu de compoſition des fuſées ; on les décoëffe pour faire pendre les étoupilles, & on enfile leurs baguettes dans les trous, en les dirigeant par l'oüverture de la tablette, & en commençant par le rang du fond ; la gorge des fuſées portant toujours ſur l'entre-deux des triangles, & du côté de la trappe.

286. Lorſque la caiſſe eſt garnie, (on peut y mettre ſeulement deux ou trois douzaines de fuſées), on ferme la couliſſe, on la couvre de ſon couvercle, & quand on veut la tirer on la dé-

couvre, on ôte la trappe, & on jette dedans un bout de lance enflammée, ou on lui fait une communication de feu, avec une étoupille qui traverse la feuille de papier d'un bout à l'autre, & que l'on fait sortir par un trou pratiqué sur une des planches, & sur laquelle on la retient dans une petite rainure, avec de l'amorce couverte de plusieurs bandes de papier collé.

On le déchire, & on y présente le feu qui se porte rapidement dans la caisse, où il enflamme & pousse dehors les fusées qui prennent toutes leur vol ensemble.

Cette caisse ne doit se tirer que pour le bouquet d'un feu d'artifice, c'est-à-dire, à la fin du spectacle, à moins d'en avoir plusieurs; mais alors la derniere doit contenir beaucoup plus de fusées & de différens calibres, les grosses au centre & ainsi par degré : une telle piece s'appelle *girande*.

287. Avant de passer, Monsieur, à un autre objet, je vous observerai que les fusées, outre les défauts résultant d'un massif mal fait ou mal recouvert, peuvent encore avoir les suivans.

Les unes montent quelquefois à une certaine hauteur & crevent aussi-tôt, sans laisser aucune trace de feu.

Cela ne provient souvent que du trop de vivacité de sa composition, ou du moins d'épaisfeur de leurs cartouches, ou de ce qu'en les chargeant, on a donné des coups faux qui les ont fait plisser en quelques endroits, où, se trouvant plus foibles, ils ne peuvent résister à l'action du feu, lorsqu'il y parvient.

Les autres, au contraire, brûlent & restent sur le chevalet, à la honte de l'Artificier, parce qu'il n'a pas employé une composition assez vive, ou des matieres bien choisies & bien préparées.

Celles-ci sont paresseuses, c'est-à-dire, montent lentement, en traçant un demi - cercle, & retombent avant de jetter leur garniture.

C'est qu'elles n'ont pas les proportions convenables ou qu'elles sont trop pesantes, à cause du surpoids de leur garniture ou de la baguette, ou de ce que leur ame est trop longue ou trop courte, ou trop étroite, ou de ce que le massif n'étant pas percé, le feu ne peut passer dans le pot.

Celles-là enfin montent par secousses, en décrivant différentes lignes, tantôt droites & tantôt courbes, ou en forme de vis.

Ce défaut vient souvent d'une baguette courbe trop légere, ou de ce que la matiere n'ayant pas été foulée également, le feu s'insinue plus avant dans une partie que dans l'autre: cependant lorsque les fusées montent toujours en tortillant, quoiqu'aux dépens de leur élévation que ce mouvement fpiral retarde & diminue ; c'eft un agrément que l'on recherche quelquefois, pour varier leur vol, & que l'on obtient par des ba- guettes courbes, mais de poids requis.

DIALOGUE CINQUIEME,

Chargement des Jets ou Gerbes de feu.

288. *LE COMTE.* Sans doute, Monfieur, que les jets dont nous allons nous occuper font les gros derniers cartouches qui me reftent à charger, & qu'enfuite vous me ferez arranger quelques pieces d'artifice, pour en faire l'effai.

L'Amateur. Quoique le chargement des jets & gerbes de feu foit le même, cependant pour vous mettre, Monfieur, en état de faire l'effai d'un *foleil tournant ,* & d'une *gerbe d'aigrette* fur un *pot* à *feu* garni, nous chargerons quatre jets; favoir, trois de fix pouces & de fix lignes , & un de neuf lignes & d'un pied de longueur, après avoir choifi dans le tableau fuivant, une compofition brillante pour la préparer. (Prefque toutes les pieces fe font avec ce feu ; on peut auffi en em- ployer quelquefois d'autre avec, fuivant l'effet que l'on veut leur faire produire.)

COMPOSITIONS

pour les Soleils tournans & fixes, & les Jets
ou Gerbes de feu.

Diametre des jets.	NOMS des Feux.	des Matieres.	POIDS.
Lignes.			onc. gr.
4 à 6	Brillant : .	Poussier. . . .	16 0
		Limaille de Fer ou d'Acier. . . .	4 0
6 à 9	Brillant, jaunâtre ou verdâtre, pour nappes de feu seulement ,	Salpêtre. . . .	16 0
		Fleur de soufre .	3 0
		Charbon de *chêne*.	4 0
		Limaille de fer , ou de cuivre, ou d'épingles.	7 0
9 à 12	Brillant. :	Poussier. . . .	16 0
		Limaille de Fer ou d'Acier. . . .	6 0
15	Brillant . :	Poussier. . . .	16 0
		Limaille de Fer ou d'acier. . . .	6 0
4, 6, 9, 12 à 15	Brillant clair.	Poussier. . . .	16 0
		Limaille d'éguilles.	4 0
4 à 6	Chinois rouge	Salpêtre. . . .	4 0
		Fleurs de Soufre .	1 0
		Charbon . . .	2 0
		Poussier, ...	16 0
		Fonte, Nº 1. . .	4 0
9 à 12	Chinois, rouge & bleu ,	Salpêtre	16 0
		Soufre en grains ,	4 0
		Charbon. . . .	4 0
		Poussier. . . .	4 0
		Fonte, Nº 1 & 2 par moitié . . .	8 0

SUITE DES COMPOSITIONS
des Soleils tournans, &c.

Diametre des jets.	NOMS des Feux.	des Matieres.	POIDS.
Lignes.			onc. gr
15	Chinois rouge	Salpêtre. . . .	18 0
		Fléur de soufre . .	4 0
		Charbon	4 0
		Fonte, N° 3 & 4 par moitié . .	10 0
4, 6, 9, 12 à 15	Chinois rouge ou jaune,	Salpêtre .	10 0
		Fleur de soufre . .	4 4
		Charbon . . .	3 0
		Fonte, ou cuivre en grains . . .	5 0
4 à 6	Chinois blanc,	Salpêtre . .	12 0
		Fleur de Soufre .	8 0
		Poussier . . .	16 0
		Fonte, N° 1 .	8 0
9	Chinois blanc,	Salpêtre . . .	12 6
		Fleur de soufre .	8 0
		Poussier . . .	16 0
		Fonte, N° 1 & 2 par moitié . .	8 0
12	Chinois blanc,	Salpêtre . .	13 4
		Fleur de soufre .	8 0
		Poussier . . .	16 0
		Fonte, N° 2 & 3 par moitié . .	8 0
15	Chinois blanc.	Salpêtre . .	14 2
		Fleur de souffre .	8 0
		Poussier . . .	16 0
		Fonte, N° 3 & 4 par moitié . .	8 0

SUITE

SUITE DES COMPOSITIONS
des Soleils tournans, &c.

Diametre des Jets.	NOMS des Feux.	des Matieres.	POIDS
Lignes.			onc. gr.
4, 6, 9, 12 à 15	Chinois blanc.	Salpêtre . . . : : Fleur de soufre . . Pouffier . . . Fonte	16 0 8 0 16 0 8 0
4, 6, 9, 12 à 15	Chinois bleu.	Soufre en grains . Pouffier . . . Fonte	4 0 16 0 8 0
4, 6, 9, 12 à 15	Chinois commun.	Salpêtre . . . Fleur de soufre . Pouffier . . . Noir de fumée de Hollande . . Huile de Pétréole	18 2 10 2 24 0 6 6 16 gous.
4, 6 à 9	D'or ou d'argent.	Pouffier . . . Poudre d'or ou d'argent. . .	16 0 4 0
4, 6 à 9	Rougeâtre.	Pouffier . . . Mine de Plomb rouge	16 0 4 0
4, 6 à 9	Rouge-brique, ou argentin.	Pouffier . . . Litarge d'or ou d'argent . .	16 0 4 0
4, 6 à 9	Rayonnant.	Pouffier . . . . Charbon de terre . .	16 0 5 0

K

SUITE DES COMPOSITIONS
des Soleils tournans, &c.

Diametre des jets.	NOMS des Feux.	des Matieres.	POIDS.
Lignes.			on. gr.
4, 6 à 9	Aurore foncé.	Pouffier . . . Poudre d'or & Manganelle, mêlées ensemble, par moitié. . . .	16 0 4 0
4, 6 à 9	Bleu. . . .	Soufre en grains. Pouffier. . . .	7 0 16 0
4, 6 à 9	Bleu,	Soufre en grains .. Pouffier. . . - Camphre. . . .	16 0 4 0 4 0
4, 6 à 9	Jaune ou verdâtre.	Pouffier . . . . Limaille de Cuivre ou d'Epingles . . .	16 0 4 0
4, 6 à 9	Foudroyant.	Salpêtre . . . . Fleur de foufre . Pouffier	16 0 2 0 3 0
4, 6 à 9	Lugubre. :	Salpêtre . . . Fleur de foufre - Charbon. . . . Pouffier. . . . Réfine	16 0 4 0 4 4 16 0 3 0
4, 6 à 9	Mort.	Pouffier. . . . Suie de fer . . .	1 0 0 1½
4, 6 à 9	Mort.	Salpêtre . . . Fleur de foufre . Pouffier. . . . Cendre tamifée. .	0 1 0 1 0 1 0 1

SUITE DES COMPOSITIONS
des Soleils tournans, &c.

Diametre des jets.	NOMS		POIDS.
	des Feux.	des Matieres.	
Lignes.			onc. gr.
4, 6, 9, 12 à 15	Commun.	Pouffier Charbon	16 0 4 0

Maintenant que vous connoiffez, Monfieur, les compofitions des fufées volantes & des jets de feu, il convient de vous dire pourquoi on fait les cartouches de ceux-ci, plus épais que les autres.

289. C'eft pour qu'ils puiffent réfifter à la violence du feu qui les feroit crever fans cette précaution, parce qu'on y emploie, comme vous le voyez, des compofitions très-vives.

Les jets fe chargent fur le billot, à peu près comme les fufées volantes, fans moule. On les couvre de ficelle; on y enfile la pointe & on introduit au fond, avec la cuiller ou cornée qui leur eft propre, une petite charge de terre graffe que l'on foule avec la baguette percée. (Cette terre conferve leur gorge dans fon entier, & prolonge un peu le canal du dégorgement de la matiere; ce qui, joint à la réduction de la lumiere des cartouches, au *tiers* de leur diametre intérieur, leur fait, je le répete, pouffer plus loin les étincelles de leur flamme.)

K ij

On y met une charge en feu commun ; on
bat avec le maillet qui convient à la groffeur
des jets, en y proportionnant la force des coups,
dont je regle le nombre fur leur diametre intérieur, c'eft-à-dire, qu'un jet de *fix* lignes fe
foule de *fix* coups à chaque charge, & ainfi des
autres, fans compter quelques coups que l'on
applique d'abord, pour affaiffer la compofition ;
& on continue avec la même matiere, jufqu'à la
hauteur de la *pointe*.

On prend alors la premiere baguette maffive,
& la compofition brillante ou autre que l'on a
préparée, & on charge cuillerée à cuillerée, en
changeant de baguettes par *moitié*, ou *tiers* de
leur longueur ; & comme fur la fin du chargement,
les dernieres baguettes fe trouvent un peu longues, on fe fert du *maffif* des fufées volantes de
même diametre, pour achever de charger, jufqu'à *quatre* ou *cinq* lignes près du bout.

On peut encore employer la *feconde* & *troi-*
fieme baguette des jets de *fix* lignes, pour ceux
de ce diametre qui ont *neuf* pouces de longueur ;
la *premiere*, *troifieme* & *quatrieme* des jets de *neuf*
lignes, pour ceux de ce diametre qui n'ont que
fix pouces de longueur, & la *premiere*, *troifieme* &
quatrieme baguette des jets d'*un* pouce, pour ceux
de ce diametre qui n'ont également que *fix* pouces
de longueur ; par ce moyen, on évite la *multipli-*
cité des baguettes, ainfi que je l'ai dit ailleurs.

290. Lorſque les jets ſe tirent ſans *ſucceſſion*
de feu, on les couvre d'un *tampon* de papier
ſur lequel on dédouble le cartouche; on le bat,
& on ne le perce pas; mais s'ils doivent *communiquer* leur feu à d'autres pieces, on laiſſe, ſuivant l'uſage des Artificiers, la compoſition à
découvert. Le mieux, ſelon moi, eſt de rabattre
par deſſus les révolutions du cartouche; de les
fouler avec le *maſſif* des fuſées volantes qui peut
y entrer (il ſert alors de baguette à *rendoubler*);
& de percer le carton avec l'emporte-piece, s'il
couvre entierement la compoſition; parce que
j'ai remarqué que les jets tirant à leur fin, pouſ-
foient dehors, par la vivacité de leur feu, une
certaine quantité de matiere, qui, ainſi ſortie,
abrégeoit d'autant leur durée.

291. Pour s'aſſurer ſi la pointe a formé ſon
trou dans la compoſition, on gratte cette derniere, & on en fait tomber un peu dans la main:
alors on *engorge* les jets, c'eſt-à-dire, on remplit
leurs *trous* de feu commun, en le preſſant avec
la broche; & en laiſſant aſſez de vuide pour les
amorcer avec un bout d'étoupille & de la pâte.

Le Comte. Pourquoi faut-il donc, Monſieur,
charger les jets en feu commun, juſqu'à la hauteur de la pointe, & en remplir le trou qu'elle
y laiſſe? Dans ce cas elle devient inutile, puiſque les jets ne conſervent pas ce vuide que vous

m'avez dit, en parlant des proportions des pointes, devoir leur procurer du mouvement, à
l'inſtant où leur matiere prend feu.

291. *L'Amateur*. La compoſition commune que
l'on met, Monſieur, dans les jets, & dont on
doit toujours remplir le trou que la pointe y
laiſſe, eſt pour les empêcher de crever, parce
qu'ils prennent d'abord un feu moins vif & moins
pénétrant; encore cela arrive-t-il quelquefois
malgré cette précaution, & quoique leurs trous
ſoient ainſi remplis, la matiere qui y eſt à peine
comprimée, a bientôt fait place, en prenant
feu, à un volume de flamme aſſez vive, pour
leur donner du mouvement; parce que reſſuant,
pour ainſi parler, ſans ceſſe ſur elle-même par
l'effet du reſſort de l'air extérieur qu'elle rencontre, elle force les jets d'agir du côté oppoſé au
dégorgement de leur feu; & comme ils ſont arrêtés ſur des machines à *eſſieux* ou à *pivots*, il
faut que celles-ci ſuivent le mouvement qu'ils
leur impriment, ſi toutefois elles ne ſont pas
trop chargées.

293. Quant aux pointes, on peut à la rigueur
s'en paſſer, & par conſéquent de baguettes creu-
ſes, en perçant les jets après-coup, juſques dans
la compoſition, avec des vrilles de même groſſeur que les pointes (certains Artificiers agiſſent
ainſi); mais outre que celles-ci font le trou du

dégorgement de la matiere, & plus droit & plus régulier dans ses proportions, leurs boutons forment encore une *écuelle* à la gorge des cartouches, & les empêchent de s'écraser à la charge. Elles doivent, par ces raisons, être préférées aux vrilles.

294. Pour former avec les jets des pieces *figurées*, & les disposer à être attachés sur des machines propres à cet usage, on les *habille*, c'est-à-dire, on les roule dans une feuille de papier blanc, de *deux* ou *quatre* pouces au moins plus longue que les cartouches, & assez large pour les contenir un peu plus de *deux* fois, en la faisant déborder d'*un* ou *deux* pouces à chaque bout, suivant leur grosseur, & on l'arrête avec de la colle sur la derniere révolution : cette enveloppe s'appelle la *chemise*. (Il en faut à tous les jets.)

DIALOGUE SIXIEME.

Chargement des Lances & Chandelles romaines.

295. *LE COMTE.* Je croyois, Monsieur, que j'allois monter tout de suite un soleil tournant avec les jets que vous m'avez fait charger, & garnir un pot à feu de sa gerbe d'aigrette, ainsi que vous me l'avez fait espérer dans notre der-

niere séance ; mais puisque vous en différez
l'essai, je me réduis au chargement des lances que
vous m'annoncez.

L'Amateur. Ce seroit renverser l'ordre que
nous avons établi, si je vous montrois ici ,
Monsieur, à faire un soleil tournant & à garnir
un pot à feu, surmonté d'une gerbe , parce qu'il
est bon avant d'en venir là , de connoître la machine qui convient à l'un , & de savoir faire
l'autre. Ainsi tranquilisez-vous , vos jets ne se
gâteront pas , pour attendre que nous en soyons
à ces parties , où vous apprendrez encore à faire
des pieces & plus composées, & plus amusantes
qu'un soleil tournant.

Les cartouches des grandes lances se chargent,
Monsieur, de la maniere suivante, avec la seconde composition des étoiles moulées , mais sans
camphre.

296. On a un petit entonnoir de deux pouces
de longueur, en sus de la douille , laquelle d'un
demi-pouce de long , & de quatre lignes de diametre extérieur , s'enfile dans le cartouche. On
y fait entrer la premiere baguette, & on y met
de sa composition: on pose le bout du cartouche
sur une table ; on tient l'autre d'une main, & on
foule légerement, en haussant & baissant la baguette, pour faire tomber la composition que
l'on presse de tems en tems, sans trop appuyer ,

parce que le cartouche qui a peu de confiſtance, ne pourroit pas ſoutenir la charge : on change de baguette par *quart* de chargement, & lorſqu'il eſt fini , on *tortille* le bout du cartouche que l'entonnoir a laiſſé vuide.

297. Quand on veut faire uſage de ces lances que j'appelle à *feu*, parce qu'elles ne ſervent qu'à le mettre aux artifices, ainſi qu'il a été dit (pag. 134), on coupe avec des ciſeaux le bout tortillé, & on les allume : elles ſervent encore à éclairer pour aller & venir autour des pieces d'artifice ; mais après leur avoir donné feu, on doit les éteindre, en les coupant au-deſſous de leur lumiere qui terniroit le brillant de celles - là , ſi elles brûloient enſemble, parce que plus l'obſcurité eſt grande, & plus les artifices ont d'éclat & de beauté.

Quand je dis d'éteindre les lances , après qu'elles ont mis le feu à un artifice, je ne parle que pour les pieces figurées, les pots à aigrettes & autres de cette eſpece ; car les fuſées volantes qui font leur effet en l'air ; les marrons , &c. n'exigent pas ces ſoins , qui alors deviendroient ridicules.

298. Les petites lances dont les compoſitions ſont communes avec celles des étoiles moulées , & dont on fait dans certains cas, beaucoup de conſommation , ſe chargent dans le boiſſeau ,

comme les ferpenteaux, avec leurs baguettes de trois lignes & le petit maillet. On met au fond un peu de terre glaife que l'on bat (elle les empêche de brûler la place où elles pofent) ; on les foule modérément à chaque charge, eu égard à la foiblefse de leurs cartouches, & on les remplit jufqu'à trois ou quatre lignes près du bout : on y pafse en travers fur la compofition, une éguillée de fil d'environ trois pouces de longueur; ou après les avoir un peu plus remplies, on les amorce avec un bout d'étoupille & de la pâte.

Le Comte. Et les chandelles romaines, Monfieur, en quoi confifte donc leur conftruction & la façon de les charger ? Car vous avez remis à me faire connoître ces fortes d'artifices, qui, autant qu'il m'en fouvient, m'ont quelquefois été offerts fous ce nom, par des Marchands de baromètres.

299. *L'Amateur.* Les cartouches pour les chandelles romaines fe font, Monfieur, comme les autres, fur un rouleau de fept lignes de diametre, avec trois révolutions de carton mince, de dix - huit pouces de longueur. On les laiffe fécher fur le moule, pour qu'ils fe confervent bien droits, & on les charge avec l'une des compofitions fuivantes.

COMPOSITIONS pour la Gerbe des Chandelles Romaines.				
Matieres.	Pre-miere.	Se-conde.	Troi-sieme.	Qua-trieme.
	on. g	onc.	onc.	onc.
Salpêtre	4 0	0	0	0
Fleur de Soufre	1 0	0	0	0
Charbon	6 6	2	5	4
Pouffier	16 0	20	15	16

300. On les ferme à un bout avec un *tampon* de papier, & on y introduit *deux* charges de compofition que l'on bat de *cinq* à *fix* coups. On met deffus une *pincée* de poudre fine en grains, à peu près du volume d'une bonne *amorce* de piftolet, & on y gliffe une *étoile* étoupillée après l'avoir roulée dans du pouffier fec.

On remet *deux* charges de compofition que l'on foule comme les premieres, mais de façon à ne pas *brifer* l'étoile; enfuite une *chaffe* de poudre, une étoile, de fa compofition, & ainfi jufqu'à ce que les cartouches foient chargés, en obfervant de changer de baguette par *quart* de chargement, (outre le *maffif* des fufées volantes de *neuf* lignes, on fe fert encore de la *feconde* & *troifieme* baguette des jets de *fix* lignes), & de les finir avec la compofition, que l'on amorce avec deux bouts d'étoupille & de la pâte, & on leur met une chemife faillante à chaque bout.

301. Ces chandelles bien faites font très-amu-
fantes, parce qu'elles jettent par intervales, une
étoile enflammée affez haut, pour être confumée
en l'air avant qu'il en parte une autre; mais pour
y réuffir, il faut une ou deux épreuves, afin
de régler la chaffe de poudre, qui ne doit être ni
trop *forte* ni trop *foible*, parce que fi les étoiles
fortent brufquement, leur feu s'étouffe dans l'air,
ou fi elles ne font pas affez pouffées, elles tom-
bent à terre avant d'être brûlées, ce qui peut
incommoder quelques fpectateurs.

QUATRIÈME PARTIE.

De la maniere de monter les artifices sur des machines, & d'y adapter les communications de feu, pour en faire différentes pieces figurées, fixes & mobiles.

DIALOGUE PREMIER.

Des Courantins.

302. *LE COMTE.* Vraisemblement, Monsieur ; vous appellez courantin, une piece d'artifice comme celle que vous fîtes courir, pour le bouquet de mon pere, sur une corde tendue de toute la longueur de notre partere, & qui, après s'être portée d'un bout de la corde à l'autre ; y fit une roue de feu d'assez longue durée, & revint en faire autant à l'autre extrémité ; d'où, repartant, elle la continua toujours en marchant le long de la corde : comment fait-on donc une si jolie piece ?

L'Amateur. Vous définissez, Monsieur, on ne peut mieux l'effet des courantins *voltigeurs* ; mais, pour parvenir à en faire de cette espece ; il faut d'abord connoître la construction des *simples*, des *doubles*, &c.

303. Les courantins quels qu'ils foient, fe font avec des fufées volantes de *neuf*, *douze* ou *quinze* lignes, fuivant la longueur du terrein qu'elles ont à parcourir, & le poids qu'elles doivent entraîner.

304. On les charge fur la broche avec une de leurs compofitions, dont on diminue la vivacité, en augmentant un peu la dofe de foufre ou de charbon, afin de ralentir la rapidité de leur courfe; ou on *engorge* une partie de leur ame, fi les courantins ne font pas trop compofés ou pefans; & on couvre leur maffif d'un *tampon* de papier, fur lequel on rabat les révolutions du cartouche dont on coupe l'excédent, après les avoir battues de quelques coups. On perce jufqu'à la matiere avec l'emporte-piece, celles de ces fufées qui doivent communiquer leur feu à d'autres: on les amorce comme les autres fufées volantes, & on les pare d'une chemife blanche.

305. Lorfqu'on veut faire un courantin *fimple*, on prend une de ces fufées, non percée à la tête, fur laquelle on colle le papier de la chemife, & on l'attache ferme à un pouce ou deux de chaque bout, fur un cartouche vuide, de même longueur & groffeur, non étranglé, & affez fort pour réfifter aux ligatures que l'on couvre de plufieurs bandes de papier brouillard

collé. (Le diametre de ce tuyau doit excéder
de trois à quatre lignes la groſſeur de la corde
que l'on y enfile, afin de pouvoir couler librement deſſus.)

Pour amorcer cette fuſée, on met dans le
bout de ſa chemiſe un cartouche de porte-feu,
de quelques pouces de longueur, plein d'une
étoupille ſaillante à chaque bout : on plie celui
du dedans, & on rapproche le papier tout autour ; on les retient enſemble, avec quelques
boucles de fil à nœuds coulans, ſans trop les
ſerrer, pour ne pas intercepter la communication du feu, & on les couvre d'une petite bande
de papier brouillard collé, en le faiſant recouvrir ſur le porte-feu, *pl.* 3, *fig.* B. (Il faut avoir
la même attention, pour toutes les ligatures des
artifices montés & des communications de feu,
& ſe ſervir de ce papier.)

306. Les courantins *doubles* ſont compoſés
d'une ſeconde fuſée qui tire ſon feu du *maſſif* de
la premiere, au moyen d'une étoupille renfermée dans un cartouche que l'on courbe, & dont
les bouts ſont pris dans le gobelet des chemiſes ;
où on met encore, pour plus de ſûreté de communication, un ou deux petits bouts d'étoupille.
(On doit uſer de cette précaution pour toutes
les fuſées qui portent chemiſes). Le tuyau doit
alors excéder les fuſées de deux ou trois pouces

à chaque bout, afin de garantir le porte-feu lorfque la piece vient frapper à l'arrêt de la corde; & la feconde fufée être oppofée à la première, & avoir fa gorge du côté de la tête de celle-ci. *Pl.* 3, *fig.* C.

307. Comme les fufées des courantins *triples*, c'eft-à-dire à *trois* courfes, ne peuvent pas s'attacher aifément fur un cartouche, on a un *tuyau* de bois léger, bien uni en dedans, de fept pouces de longueur, & de trois épaiffeurs inégales.

La premiere qui forme au milieu un petit *moyeu*, doit avoir deux pouces de diametre, à la longueur de quatorze lignes; & être diminuée en mourant de chaque côté, jufqu'à la feconde épaiffeur qui doit être de quatorze lignes, fur vingt-trois de longueur: on donne enfin à la derniere, un pouce de diametre & de longueur.

On pratique fur ce tuyau trois *canelures* à égale diftance, pour y encaftrer les fufées, fans cependant entamer beaucoup la feconde épaiffeur, & on fait dans chacune des trois parties reftantes du moyeu, un trou à *écrou*, de fept ou huit lignes au plus de profondeur, & pour que ce portant puiffe glisfer aifément fur la corde, & n'y frotter qu'à fes deux extrémités, afin d'avoir moins de fecouffes, on le garnit intérieurement aux deux bouts, avec une petite *virole* de corne à demeure, d'un diametre un peu plus grand

que

que la groffeur de la corde. *Pl.* 3 , *fig.* D.

308. La façon de monter ce courantin , dont deux gorges & une tête des fufées font d'un côté, & une tête & deux gorges de l'autre côté , eft la même que la précédente , en faifant communiquer le feu du maffif de la feconde fufée à la gorge de la derniere.

309. On peut , fi l'on veut , en place des cartouches vuides , avoir un tuyau de bois , fait dans la proportion de celui que je viens de décrire , portant deux canelures oppofées avec autant de trous à écrous , fur-tout lorfqu'on defire faire voltiger les courantins fur la corde.

310. Pour plus d'agrément , on les fait quelquefois paroître fous la figure de certains animaux , tels qu'un *dragon* , une *colombe* , un gros *oifeau* , &c. faits en carton mince , peints comme nature.

311. On renferme les courantins dans le corps de l'animal (les bouts des fufées débordant un peu devant & derriere) , auquel on peut auffi , fuivant fon efpece , faire jetter par la *gueule* & les *yeux* , au moyen d'une petite fufée ajuftée dans fa tête , un feu *lent* , tiré de la premiere fufée , pour que la figure foit éclairée en marchant ; mais ces fortes de pieces ne confervent pas longtems l'attitude naturelle de la bête qu'elles repréfentent , parce qu'à l'inftant du départ

L

l'équilibre change, outre qu'il est difficile à trouver fur une feule corde, à caufe du volume du
courantin.

Il faudroit, je crois, pour y bien réuffir,
trois cordes prifes à égales diftances par chaque
bout, à un bâton un peu fort ; celle du milieu
s'enfileroit dans le tuyau, & les autres feroient
peu éloignées, afin d'empêcher la figure de dé-
verfer à droite ou à gauche, fur-tout un oifeau
dont les ailes doivent être déployées; mais auffi
il y auroit plus de frottement fur les cordes :
d'ailleurs ceci n'eft qu'un projet que je n'ai pas
encore exécuté, & que je ne vous confeille pas
Monfieur, de tenter, avant de bien connoître
les artifices, parce que vous y échouriez infailli-
blement.

Le Comte. Je ne vois pas, Monfieur, qu'aucun
des courantins dont vous venez de m'enfeigner
la conftruction, puiffe faire l'effet de celui que
j'ai, m'avez-vous dit, fi bien défini ; à moins
que les trous à écrous pratiqués dans leurs
tuyaux, ne foient deftinés à porter encore
d'autres fufées pour cette fin, ainfi que je le
préfume. Dans ce cas quelle eft donc la façon de
les y ajufter ?

L'Amateur. Vous penfez jufte, Monfieur ; mais
comment voulez-vous que les courantins dont
nous venons de nous occuper, puiffent produire

d'autre effet que d'aller & venir fur la corde, puifqu'avant d'en faire de l'efpece que vous demandez, je vous ai annoncé qu'il convenoit de connoître les fimples, les doubles, &c. Vous avez donc oublié mon expofé?

312. Il y a, Monfieur, deux manieres de faire voltiger les courantins fur la corde, foit en marchant, foit à la fin de leur courfe, en viffant dans les trous des moyeux, des *rais* de bois dur, propres à recevoir des jets de quatre lignes, & de cinq pouces de longueur, chargés en feu brillant ou autre, de leur tableau.

313. Ces rais peuvent être différemment faits, fuivant qu'on fe propofe d'y monter les fufées. Lorfqu'elles doivent jetter leur feu par la gorge, on leur donne quinze lignes de longueur, en fus des tourillons, & dix de diametre : on les laiffe de cette groffeur, à la longueur d'un demi-pouce, & on réduit le refte en mourant, à fix lignes de diametre.

314. On les viffe fur les tuyaux des courantins doubles, & on pratique à leurs bouts en travers des moyeux, une *canelure* propre à embraffer à peu près un tiers des fufées. On les perce de part en part au-deffous du bouton, & en travers des canelures, d'un trou à paffer aifément deux tours de petite ficelle.

Ceux des courantins triples, doivent être faits

L ij

de même, & avoir deux pouces un quart de
longueur, en fus des tourillons. (On entendra
par la fuite, que dans la longueur des rais dont
je parlerai, celle de leurs tourillons n'y eft pas
comprife ; ainfi je ne le répéterai plus.)

315. Mais quand on veut faire jetter aux fufées le feu par le côté, on a deux autres fortes
de rais difpofés en forme de *tourniquets*.

316. Les uns font des *tenons* de neuf lignes de
longueur, auxquels on donne le diametre intérieur des cartouches. Ils ne fervent que pour les
fufées qui n'ont aucune communication de feu.

317. Les autres fe font de trois pouces de
longueur, fur dix lignes de diamettre : on les viffe
fur les moyeux, & on y tire en travers des
tuyaux, une *canelure* de deux pouces & demi
de longueur, affez profonde pour contenir environ un *tiers* des fufées. On abat le demi-pouce
reftant fous les canelures, à l'affleurement du
pas de vis, & on pratique en dehors deux petites
entailles un peu au-deffous l'une de l'autre, pour
y loger la ficelle des ligatures.

318. La premiere maniere de donner aux courantins un mouvement de *rotation*, confifte à coucher les jets par moitié de leur longueur, en forme
de *jantes* de roues, dans les boutons des rais, &
à les y attacher bien ferme, en les mettant têtes
devant gorges, c'eft-à-dire, que la tête du pre-

mier réponde à la gorge du second, &c.(Toutes
pieces mobiles doivent fe monter ainfi).

319. Pour les faire tourner en marchant, on
fait paffer une étoupille de communication de la
gorge de fa premiere fufée courante, à celle d'un
jet, lequel, en finiffant ; doit porter le feu aux
deux autres fufées. *Pl.* 3, *fig.* E.

Mais lorfqu'on veut terminer leur courfe par
la roue de feu, on le communique du *maffif* de
la premiere fufée courante, à la *gorge* d'un jet,
(je parle toujours d'un courantin double), &
de la *tête* de ce dernier, à la feconde fufée courante, laquelle en finiffant doit porter le feu à
la *gorge* du dernier jet.

On en fait autant pour celui à trois courfes,
avec cette différence que le fecond jet en finiffant,
doit communiquer le feu aux *gorges* des deux
dernieres fufées, pour que la piece tourne en
marchant. *Pl.* 3, *fig.* F.

320. Il faut obferver à ce dernier courantin,
de communiquer la tête de fa premiere fufée
courante, avec le jet qui lui eft oppofé, & ainfi
des deux autres, afin d'en contrebalancer le poids
autant qu'il eft poffible. On doit encore avoir
la précaution d'arranger toutes fes communications, de maniere que le feu des fufées ne puiffe
pas battre deffus, & de recouvrir avec plufieurs
bandes de papier collé, les portes-feux des têtes
des jets.   L iij

Le Comte. Et pour que les fusées jettent leur feu de côté, quelle est donc, Monsieur, la façon de les percer, & de les arranger sur les courantins, en forme de tourniquets?

321. *L'Amateur.* La maniere de disposer les jets à jetter le feu de côté, exige, Monsieur, ainsi que vous devez l'avoir pressenti par la façon des deux dernieres sortes de rais, un arrangement différent du premier.

322. Lorsque les jets ne doivent pas communiquer le feu aux fusées des courantins, après les avoir étranglés à fait, on y met un tampon de papier, dont on marque la hauteur sur le cartouche, après l'avoir foulé, & on les charge *massifs*, c'est-à-dire, sans pointes, jusqu'à neuf lignes près du bout.

323. On les perce d'un seul trou avec l'emporte-piece, un peu au-dessous du tampon, jusqu'à la matiere seulement, & on le remplit de poussier sec : on le couvre avec une étoupille dont on arrête un bout avec du fil, un peu au-dessous du trou, sur lequel on met encore de l'amorce, & on retient l'autre avec de la pâte, sur le bout plat du cartouche, auquel on met une chemise qui ne doit pas excéder sa tête ; où on la colle pour qu'elle ne quitte pas, lorsqu'on attache les portes-feux de communication.

324. Ces jets ainsi disposés, on enduit de colle

forte chaude, les tenons du courantin, & on y
monte les premiers, jufqu'à fond du vuide ré-
fervé pour cela; en obfervant de les coller de
façon que leurs trous foient en travers du moyeu,
& oppofés les uns aux autres, c'eft-à-dire, fans
fe regarder, pour que le feu qui doit en fortir,
puiffe faire tourner la piece; parce que fi les
trous étoient du même côté, l'un pouffant à
droite & l'autre à gauche, il y auroit équilibre
de mouvement, & alors le courantin ne feroit
pas le moulinet.

325. Pour communiquer le feu à ces fufées qui
doivent le prendre toutes à la fois, on le tire de la
gorge ou de la tête de l'une des fufées du courantin, par une étoupille dans fon cartouche, prolongée jufqu'à la gorge du premier jet; & de-là,
par une autre étoupille à la gorge du fecond jet,
&c. (Voyez Pl. 3, fig. G, pour un courantin
double.)

326. Une autre maniere de faire encore des
courantins en tourniquets, & moins lourds,
parce qu'ils ne portent pas de fufées courantes;
c'eft de charger, comme les précédentes, des
cartouches de fufées volantes de douze ou quinze
lignes, & de les percer ainfi.

327. On divife leur circonférence en quatre
parties égales à chaque bout, & on trace deux
lignes de fuite fur leur longueur; ce qui fait

L iv

entre les deux , le *quart* de leur épaiſſeur : on
partage ces lignes par *tiers* , d'un bout de la matiere à l'autre , & avec l'emporte-pièce , on perce
deux trous de ſuite , ſur les deux premiers points
d'une ligne , à commencer par le bout vuide du
cartouche , & *un* trou ſeulement ſur le premier
point de l'autre ligne , du côté de l'étranglement ;
enſorte qu'en tenant le cartouche à plat ſur une
table , ſa tête à gauche , les deux trous ſoient
deſſus , & l'autre devant ſoi , la compoſition à
découvert. *Pl.* 3 , *fig.* H.

328. On les amorce avec une étoupille ſur les
deux trous , prolongée juſqu'au milieu de l'épaiſſeur des cartouches ; & on en met une circulaire
ſur l'autre trou , en la faiſant embraſſer la premiere. On les retient avec de la pâte , après quoi
on habille ces jets.

329. On les colle , comme les précédentes ,
ſur des tenons qui doivent avoir d'épaiſſeur ,
leur diametre intérieur , & on met les doubles
trous , en face de la longueur du courantin que
l'on peut faire à *deux* , *trois* ou *quatre* jets , en les
communiquant tous enſemble , & en renfermant
de plus dans le gobelet de la fuſée qui doit porter le feu aux autres , un long bout d'étoupille
ſaillant hors de ſon cartouche. (*Pl.* 3 , *fig.* J , eſt
celle d'un de ces courantins à trois jets enflammés.)

Le Comte. Je conçois parfaitement, Monfieur, l'ufage des rais à tenons ; mais comment attache-t-on fur ceux à canelures les jets de feu, pour en faire encore des courantins à tourniquets?

330. *L'Amateur.* Les jets qui jettent le feu par un trou de côté, & qui doivent le communiquer à d'autres fufées, fe chargent, Monfieur, s'a-morcent & fe finiffent, comme ceux dont nous avons parlé plus haut; mais on les remplit à peu près jufqu'au bout, & on les couvre avec les ré-volutions du cartouche que l'on perce.

331. On les attache fur les entailles des rais, en les faifant porter au fond des canelures, & en difpofant leurs trous, comme ceux du couran-tin à trois jets, montés fur des tenons.

332. La façon de les communiquer avec les fufées du tuyau, eft la même que celle des autres courantins voltigeurs, dont les jets font couchés fur les rais à bouton.

333. Lorfqu'on veut faire ufage d'un couran-tin, on monte un peu de force, jufqu'à fond de chacun de fes bouts faits exprès, un *étui* mobile de carton ou de fer blanc, de fix pouces de lon-gueur, & après avoir frotté la corde de favon, on l'enfile dans le tuyau, en obfervant de la paffer par le bout oppofé à celui qui doit prendre feu le premier, & par celui qui répond aux jets per-cés de deux trous, fi le courantin eft de cette

efpece ; & on enfile le même bout de la corde
dans une éponge d'environ la groffeur du poing.

334. On attache ce bout de la corde, à la fe-
nêtre de la maifon où doit fe placer la perfonne
à laquelle on veut décerner l'honneur de mettre
le feu au courantin, pour qu'il le porte de-là, à
tel artifice que l'on juge à propos de faire jouer
le premier, ou à la piece la plus confidérable
qui doit terminer le fpectacle, en dirigeant la
corde de façon que le courantin puiffe, en s'en
retournant, communiquer le feu à un renvoi
d'étoupille attaché fur la corde, & paffée dans un
long cartouche répondant à la piece ; mais avant
d'arrêter l'autre bout de la corde, il faut y enfiler encore une éponge, fi le courantin doit y
frapper. (On n'emploie gueres à cet ufage que
des courantins ordinaires.)

Le Comte. A quoi fervent donc, Monfieur, les
étuis de carton ou de fer blanc, aux bouts du
tuyau du courantin, ainfi que l'éponge à chaque
extrémité de la corde?

335. *L'Amateur.* Les étuis, Monfieur, garan-
tiffent la corde du premier feu des fufées, qui,
en battant deffus, pourroit bien la frifer ; &
alors le courantin venant à rencontrer quelques
obftacles, s'arrêteroit dans fa courfe ; & les
éponges que l'on doit toujours mettre aux extrémités de fa corde, amortiffent le coup qu'il

vient fouvent y donner avec violence, & l'empêchent de fe brifer, ainfi qu'il arriveroit fans cette précaution.

336. *LE COMTE.* Je me fuis quelquefois entretenu, Monfieur, de feux d'artifice, avec certaines perfonnes qui m'ont dit en avoir vu de bien des fortes; mais elles ne m'ont jamais parlé de fufées de table : en quoi confifte donc leur chargement & conftruction?

337. *L'Amateur.* Comme les fufées de table, autrement appellées *tourbillons* de feu, ou foleils tournans, *montant horifontalement,* font peu d'ufage dans les fpectacles publics (j'en ai vu tirer de très-belles à Paris dans de grandes réjouiffances), il n'eft pas étonnant, Monfieur, que vous n'en ayez jamais entendu parler; cependant lorfqu'elles réuffiffent elles ont leur agrément; mais pour y parvenir, elles demandent des foins & de l'application.

On les fait avec des cartouches de fufées volantes de quinze lignes, mais de *dix* pouces de longueur : on les étrangle fans broche, parce qu'ils doivent être entierement fermés, & on les tampone, afin de boucher encore le trou qui

peut y reſter ; on coupe l'excédent de la ligature
un peu au-deſſous des nœuds, & on les charge
avec l'une des compoſitions ſuivantes, de la maniere que je dirai bientôt.

COMPOSITIONS
pour les Fuſées de Table.

NOMS des Feux.	des Matieres.	POIDS. onc.	gr.
Brillant	Pouſſier . , .	16	0
	Limaille de fer .	5	4
Chinois rouge.	Salpêtre . . .	18	0
	Fleur de ſoufre.	2	2
	Charbon de *hêtre*.	4	4
	Pouſſier . . .	1	4
	Fonte, N° 2 & 3 par moitié . .	8	2
Chinois blanc.	Salpêtre . . .	16	
	Fleur de ſoufre.	8	0
	Pouſſier . . .	16	0
	Fonte N° 2 & 3, par moitié . .	12	0
D'or	Salpêtre . . .	16	0
	Pouſſier . . .	8	0
	Poudre d'or .	5	0
Ordinaire.	Salpêtre . . .	16	0
	Fleur de ſoufre.	4	0
	Charbon. . .	7	0
	Pouſſier . . .	1	0
Commun	Charbon. . .	3	0
	Pouſſier . . .	16	0

338. Après avoir marqué fur le cartouche fept pouces & demi de longueur depuis l'étra glement, ainfi que la hauteur du tampon battu on le charge maffif, en foulant *vingt* coups bi appliqués à chaque charge: on marque la hau teur de la compofition, & on la couvre d'u tampon, en obfervant qu'il foit un peu au deffous du premier point marqué, pour que l cartouche étranglé & noué en cet endroit, ai *fix* diametres extérieurs entre les ligatures, don la derniere fe rogne comme l'autre.

339. On le divife en quatre parties égales paralelles à chaque bout, & on y trace *trois* li gnes dans toute fa longueur: on marque fur cha cune la hauteur des tampons, & on partage cell du milieu, qui devient le *deffous* de la piece, e *cinq* parties égales d'un point à l'autre; on l perce d'*un* trou à chaque divifion du dedans avec l'emporte-piece, jufqu'à la compofition; on fait à l'affleurement du tampon, fur les ligne latérales, *deux* pareils trous, l'un d'un côté & l'autre de l'autre côté au bout oppofé; en forte que le cartouche porte *quatre* trous fu une ligne, & *un* fur chacune des deux autres.

340. Pour le tenir en fituation horifontale, o coupe à plat environ au tiers de fon épaiffeur une baguette de bois léger à bouts arrondis, de même longueur que le cartouche. On y pra

tique au milieu du plat une entaille à paffer aifément un bout d'étoupille, & on l'attache en
croix avec du fil de fer recuit, au milieu des
quatre trous de la fufée, le plat portant deffus.

341. On la fait pirouetter fur une table unie,
pour voir fi elle eft bien équilibrée, & alors on
remplit les quatre trous de pouffier fec: on les
couvre d'une étoupille, dont on retient les bouts
avec du fil, fur chaque étranglement, & on en
attache une femblable du côté oppofé; on remplit auffi de pouffier les trous de côté, & on les
couvre de même d'une étoupille circulaire qui
doit embraffer les autres. On met fur chaque
trou un peu de pâte d'amorce, & on recouvre le
tout avec des bandes de papier brouillard collé,
en obfervant de ne pas intercepter la communication du feu des étoupilles; après quoi on enveloppe la fufée avec du même papier collé fur les
bouts, & fur fa derniere révolution.

Le Comte. Mais, Monfieur, fi les étoupilles
font toutes couvertes, par où met-on donc le feu
à la fufée pour la tirer?

342. *L'Amateur.* Lorfqu'on veut, Monfieur,
tirer cette fufée, on déchire doucement au milieu,
avec la pointe d'un couteau, le papier qui couvre
l'étoupille du deffus, & on pofe la fufée fur un *plateau* bien uni, de quinze pouces de diametre fur
quinze lignes d'épaiffeur, portant à demi-bois, &

à cinq pouces environ de son centre, un *rebord* circulaire de deux pouces de saillie, fait avec une bande de *cerce* à tamis, sans aucun arrêt par dedans.

343. On met le feu avec une lance enflammée à l'étoupille découverte, & il se porte bientôt à tous les trous de la fusée, d'où, sortant par ceux de dessous, il l'éleve en l'air, pendant que celui des latéraux, lui imprime le mouvement d'un tourbillon, imitant en feu ceux d'un amas de poussiere ou de feuilles d'arbre séches, que le vent fait pirouetter sur terre. (*Pl.* 3, *fig.* K, est celle de cette fusée sur son plateau, vue un peu par dessous avec ses trous enflammés.)

DIALOGUE TROISIEME.
Des Pots à feu.

344. *LE COMTE.* Comme vous m'avez ci-devant dit, Monsieur, que les cartouches des pots à feu & à aigrettes, se faisoient avec du fort carton, & qu'on les garnissoit de serpenteaux brochetés; j'ai maintenant à vous demander quelle est la façon de les mouler, pour passer ensuite à celle de les garnir?

345. *L'Amateur.* Les pots à feu qui font, Monsieur, une sorte de mortier propre à jetter en l'air différens artifices, tels que des serpenteaux,

des fauciffons ou des bombes, ne fe finiffent
pas auffi promptement que vous le penfez, ainfi
que vous en jugerez par leur conftruction ; mais
une fois faits, ils fervent très-long-tems.

Leurs cartouches dont la capacité fe regle fur
la quantité de garniture que l'on veut leur faire
porter, doivent être fort épais, afin de pouvoir
réfifter à la *chaffe* de poudre que l'on met au fond.

Cependant, pour partir d'un point fixe, &
vous mettre à même d'en faire de chaque grandeur la plus ufitée, nous en moulerons de *cinq*
& de *trois* pouces ; & de *vingt* & de *feize* lignes
de diametre intérieur.

346. Les premiers que j'appelle *mortiers à bombes*,
fe font avec de la *carte* en 6, & de dix-huit pouces
de longueur, fur fix de diametre extérieur : on les
moule à la colle, mêlée de terre graffe, comme
les autres cartouches, fur un rouleau de cinq
pouces deux lignes de gros ; on les finit de même,
& on les ébarbe : (deux de cette efpece fuffifent).

347. Lorfqu'ils font fecs, on enveloppe le
rouleau dans une feuille de gros papier, & on le
remet dans un cartouche que l'on roule fur un
lit de gros *chanvre*, en obfervant de le mettre
par-tout d'égale épaiffeur ; on l'imbibe de colle
forte chaude, & on le couvre d'un bout à l'autre, d'un rang de moyen *cordeau câblé*, dont on
arrête les bouts, en les paffant fous les premiers

&

& derniers tours. On paſſe de la colle ſur tout le cordeau, & on laiſſe ſécher avant d'ôter le rouleau, pour en faire autant à l'autre cartouche. *Pl.* 3, *fig.* M, *m.*

Le Comte. Comment ces cartouches ſe ferment-ils donc, Monſieur; car vous ne parlez. pas de les étrangler ?

348. *L'Amateur.* On les ferme, Monſieur, avec des *culots* ou *pieds* de bois cylindriques, de trois pouces & demi de hauteur, auxquels on donne deux épaiſſeurs inégales. La premiere qui doit y entrer juſte, ſe fait de deux pouces de hauteur, & la ſeconde d'un pouce & demi de rebord, en ſus du cartouche : on tire un quart de rond ou autre moulure, ſur l'arrête du deſſus de celle-ci, & on les perce au centre de part en part, d'un trou de *deux* lignes. On fait par deſſous une rainure de même largeur & profondeur, à partir du trou juſques au bord, dans l'épaiſſeur des pieds dont on colle le cylindre à la colle forte, pour y monter les cartouches, après les avoir enduits à l'intérieur, de deux ou trois couches de colle d'argile, ſéchées l'une après l'autre; & on les y attache tout autour, avec deux rangs de clous à têtes plates, oppoſés les uns aux autres. *Pl.* 3, *fig.* L, & *fig.* M, *m ; c.*

Le Comte. Sans doute, Monſieur, que les cartouches des pots de trois pouces, ſe font de même?

M

349. *L'Amateur.* Ces cartouches que je défigne fous le nom de *pots à aigrettes*, fe font auffi, Monfieur, de dix - huit pouces de longueur, & de quatre de diametre extérieur, fur un rouleau de trois pouces deux lignes, & fe terminent pour le refte, comme les précédens; la feule différence, c'eft que leurs pieds de *trois* pouces de hauteur, dont *deux* pour le cylindre, ne fe percent pas; qu'on les fait déborder de *fix* lignes feulement autour du pot, & qu'on y pratique à l'affleurement du cartouche, une petite *moulure* d'ornement. *Pl.* 3, *fig.* Q, *p, c.* (Il en faut au moins quatre de cette efpece.)

Le Comte. Et les moyens pots, quel eft donc; Monfieur, la maniere de les faire & de les fermer?

350. *L'Amateur.* Ces derniers cartouches que j'appelle fimplement *pots à feu*, quoique tous en général aient le même nom, fe moulent, Monfieur, avec du carton de 5 feuilles, de la longueur des autres, & fe finiffent de même; à cela près, que ceux de vingt lignes fe font de vingt-huit lignes de diametre extérieur, fur un rouleau de vingt-deux lignes; que ceux de feize lignes fe moulent de deux pouces de diametre extérieur, fur un rouleau de dix-huit lignes; & qu'on les couvre tous par deffus le chanvre, avec de la petite *ficelle cablée. Pl.* 3, *fig.* O, *p.* (On en fait

fix de chaque efpece, & plus fi l'on veut.)

351. Les culots pour les fermer, percés au centre de part en part, d'un trou de *deux* lignes, doivent avoir deux pouces & demi de hauteur, & trois formes différentes. On donne au cylindre un pouce de hauteur ; au rebord qui doit affleurer l'épaiffeur des cartouches, fix lignes ; & à la *queue* qui fe fait à *vis* dans toute fa longueur, un pouce de diametre & de hauteur. (*Pl.* 3, *fig.* N.) On y cloue les pots enduits de colle au dedans, avec fix moyens clous, dont les pointes ne doivent pas pénétrer dans les trous de lumiere : *fig.* O, *p*, *n*.

Lorfque tous les pots font montés fur leurs pieds, on coule au fond un peu de colle-forte chaude, pour remplir les vuides qui peuvent refter entre le cylindre & le cartouche ; afin que la poudre de chaffe ne trouve pas de chambres où fe loger, & qu'elle faffe plus d'effet.

Le Comte. Quelle eft donc, Monfieur, la conftruction des pieds propres à porter ces pots ? car leurs queues viffées annoncent qu'ils doivent encore en avoir d'autres ?

352. *L'Amateur.* Les feconds pieds de ces pots, que les Artificiers qualifient du nom de *brins*, fe font, Monfieur, avec une piece de bois de deux pieds de longueur, fur trois pouces de largeur, & deux d'épaiffeur : on la divife d'un bout à

l'autre en *fept* parties égales sur sa largeur, & on
la perce dans toute son épaiffeur, au milieu de
chaque ligne de divifion interpofée, d'un trou,
de *fix* lignes, que l'on aggrandit à quinze lignes
de profondeur, de maniere à y pratiquer un
écrou commun avec les chevilles des culots des
pots. On tire du côté des petits trous & fur leur
milieu, une *rainure* de fix lignes en quarré, de
toute la longueur du brin; & on fait encore à la
gauche des cinq premiers trous du deffous, à
commencer par la droite, une petite *rainure* en
travers, pour y loger à volonté, & fans déborder au dehors, une *plaque* de *fer*, percée au milieu d'un trou du diametre extérieur des ferpenteaux de trois lignes, lequel doit s'affleurer avec
le fond des rainures. (*Pl.* 3, *fig.* P, eft celle de ce
brin vu par deffous, & dont la rainure eft un peu
prolongée dans l'épaiffeur de fes bouts.)

Le Comte. C'eft fans doute ici, Monfieur, où,
après m'avoir montré à garnir les pots à feu,
vous me ferez employer la gerbe d'aigrette que
j'ai chargée pour cela ?

353. *L'Amateur.* Pour garnir, Monfieur, les
pots à aigrettes, on y verfe environ une once
& demie de la compofition fuivante ; c'eft ce que
l'on appelle la *chaffe.*

COMPOSITION pour la chaffe des Pots-à-feu.	
MATIERES.	*POIDS.*
	onces.
Charbon de *hêtre*	3.
Rélien	16

354. On la couvre d'une rouelle de fort carton, percée de fept à huit petits trous, & d'un diametre un peu plus grand que celui des pots; & on l'y enfonce avec le rouleau, après avoir épanché la poudre également dans le fond, pour que la rouelle y porte bien droit.

355. On faupoudre quelques pincées de pouffier fur la rouelle, & on la garnit en entier de ferpenteaux brochetés ou ordinaires, la gorge en bas.

356. La gerbe d'aigrette qui doit y mettre le feu, & déborder le pot au moins de deux pouces, n'étant pas affez longue pour pofer fur la chaffe, on la prolonge avec un cartouche de fix à fept pouces de long, que l'on enduit de colle à l'extérieur; & on la paffe dans un cartouche de lances d'illuminations de même longueur que ce porte-feu. On y enfile une étoupille faillante à chaque bout, & on attache le tout dans la che-

M iij

mise à la tête de la gerbe qui doit être percée.

357. Pour communiquer cette étoupille au fond du pot, on fait une place au milieu des serpenteaux, & on y introduit jusques sur la chasse le cartouche de porte-feu. On met quelques tampons de papier entre les serpenteaux, pour les serrer un peu, & on les couvre de plusieurs feuilles de mauvais papier gris, roulées & pressées légérement autour du petit cartouche étoupillé.

358. On finit le pot avec une rotule de carton de même diametre que son extérieur, au milieu de laquelle on trace un rond de la grosseur de l'aigrette, & que l'on taillade en huit parties, comme les pointes d'une étoile à partir du centre. On y met de la colle, & on la pose sur le pot, en y enfilant la gerbe que l'on attache avec les pointes de la rotule; on la couvre de papier brouillard, collé, rabattu autour du pot, & on amorce l'aigrette avec une étoupille renfermée dans un cartouche assez long, pour, étant plié, l'arrêter sur le pot de maniere à pouvoir y mettre le feu, lorsqu'il est posé & retenu sur un poteau de sept à huit pieds, scellé en terre de six pouces en sus. (Pl. 3, fig. Q, r, s, t).

359. En place de gerbes d'aigrettes, on se sert de chandelles romaines dont on coupe l'excédent de la chemise, au bout du tampon que l'on ôte; &

comme elles font affez longues pour atteindre le
fond des pots , & les excéder au dehors, on fe dif-
penfe d'y mettre une étoupille, en les defcendant
fur la chaffe; le refte fe fait de même. (On peut
garnir deux pots en aigrettes, & deux en chandelles, lorfqu'on les emploie tous quatre à la fois.)

Le Comte. Et les petits pots à feu ; comment fe
garniffent-ils donc, Monfieur ?

360. *L'Amateur.* La façon d'y mettre la chaffe,
differe un peu , Monfieur, de la précédente, parce
que leurs pieds percés exigent de la renfermer ,
fuivant l'ufage de certains Artificiers, dans une
forte de boëte appellée *fac à poudre*, pour qu'elle
ne coule pas dans les trous, & de-là dans les rainures des brins.

361. Ce fac fe fait fur les rouleaux , avec
plufieurs révolutions de papier collé, que l'on
rabat d'un bout pour le fermer; on y met une
demi - once de *chaffe* , & on le noue au milieu en
y introduifant une étoupille , faillante dehors
& dedans.

362. On perce le côté oppofé de cinq à fix
trous, & on enfonce le fac jufqu'au fond du pot,
la ligature en deffous, après avoir amorcé le
trou de lumiere; mais je trouve plus fimple de
mettre la chaffe, comme je le dirai bientôt.

363. On amorce les pots avec un bout d'étoupille, que l'on paffe dans le trou de leurs pieds

(*Pl.* 3 , *fig.* O , *e*), où on la fait déborder d'un
pouce à chaque extrémité ; & on la retient droite
au bout de la vis, avec de la pâte.

364. On les monte fur le brin, en viſſant alternativement un pot à fauciſſon , & un pot à ferpenteaux, ou ſix d'une eſpece ſur l'une, & ſix de
l'autre eſpece ſur l'autre barre (*Pl.* 2 , *fig.* E , *p* , *c*).
Mais la premiere maniere eſt préférable, en ce
qu'elle eſt plus amuſante & plus variée , parce
que le premier pot jette un fauciſſon, ſi c'eſt lui
qui commence, le ſecond des ſerpenteaux, & ainſi
de ſuite.

365. Quand on veut les tirer d'un ſeul coup
de feu (cela abrege cependant un peu trop leur
durée) , on couche une groſſe étoupille dans
toute la longueur des rainures, & on l'arrête à
chaque trou & à ſes bouts avec de l'amorce.

366. Si au contraire on deſire les faire partir
ſucceſſivement, c'eſt-à-dire , l'un après l'autre ,
ce qu'on appelle par *ordonnance* , on garnit les
rainures , avec des ſerpenteaux de trois lignes
non étranglés , & chargés d'une compoſition
peu foulée, faite de quatre parties de pouſſier,
& d'une de charbon.

367. Ces cartouches longs, de l'intervalle d'un
trou à l'autre, ſans les couvrir , s'amorcent à
chaque bout avec une étoupille , dont celle qui
doit y mettre le feu, ſe prolonge juſques aux

bords des brins, où on la retient avec de la pâte.
On les enfile un peu de force par un bout, dans
les plaques de fer, & on encastre le tout dans
les rainures que l'on couvre de deux bandes de
fort papier collé, ainsi que l'étoupille, si la communication est de cette premiere espece.

Le Comte. A quoi servent donc, Monsieur, les
plaques de fer dans les trous desquelles vous me
faites passer un peu de force, les portes-feu des
pots ?

368. *L'Amateur.* Ces petites *cloisons* que j'ai
imaginées, ont, Monsieur, un double avantage.
Le premier, de tenir les cartouches en place convenable, quoiqu'on pourroit les y fixer en les
collant, suivant leur longueur, au fond des rainures; & l'autre, d'empêcher le feu de s'insinuer
plus avant qu'il ne faut, au moyen des cartouches qui doivent exactement boucher leurs trous;
parce que le premier en finissant, pourroit lan-
cer son feu assez loin, pour enflammer à la fois
deux des pots; & c'est ce qu'il convient d'éviter,
pour les faire tirer par succession de tems.

369. Lorsque la couverture des rainures est
séche, on renverse le bout d'étoupille sur le
fond des pots, & on les couvre d'une feuille
mince de *coton cardé*, trempé dans de la pâte
d'amorce, & séché. On y verse une demi-once de
chasse, & on met dessus un rond de carton,

percé de quelques petits trous ; ou on y introduit
le fac à poudre dont j'ai parlé, après avoir. fau-
poudré un peu de pouffier au fond des pots.

370. L'une & l'autre de ces chaffes fe faupou-
drent encore par deffus , avec plufieurs pincées
de pouffier , & fe garniffent pour les moyens
pots , avec des ferpenteaux ordinaires ou brochetés , que l'on empêche de balotter , en y
fourrant des rouleaux de papier.

Les fauciffons volans dont nous avons parlé
(p. 99) , & qui doivent être d'une ligne moins
gros que le diametre des petits pots, s'y mettent
la gorge en bas , ainfi que les précédens , & fe
couvrent comme eux , avec un tampon de papier
chifonné.

- 371. Ces pots fe finiffent avec des rotules de
carton de même diametre ; ou pour plus d'ornement , on les coëffe avec des chapiteaux , & on
y retient ces différens couvercles , avec une
bande de papier brouillard collé.

372. Pour les tirer, on les attache fur des tré-
taux (Pl. 2 , fig. E, s) : on déchire le papier à
l'un des bouts du brin , & on préfente le feu à
l'étoupille e , avec une lance.

373. Chaque fois qu'on fe fert des pots à feu,
on les écouvillonne, c'eft-à-dire, on les néroie
avec un chiffon de linge, attaché au bout d'un
bâton ; & lorfqu'ils font bien fecs , on y repaffe

plufieurs couches de colle d'argile; cette précaution les conferve long-tems bons.

DIALOGUE QUATRIEME,
Des Bombes ou Balons.

374. *L'AMATEUR.* Les *bombes* d'artifices qui
font, Monfieur, dans leur efpece une imitation
de celle de guerre, mais différentes en ce qu'elles
ne font pas meurtrieres comme elles, & qu'elles
doivent faire leur effet en l'air, & celles - ci
prefque enterre, demandent, pour y bien réuffir,
certains foins & quelques épreuves, tant pour
régler la quantité de poudre de *chaffe*, qui doit
les pouffer à la plus haute élévation poffible,
que la durée de la *fufée* qui doit y mettre le feu,
lorfqu'elles y font parvenues.

Le Comte. La définition que vous me faites,
Monfieur, des bombes d'artifices, annonce que
leur conftruction exige une attention particuliere, & elles me paroiffent trop amufantes,
pour ne pas vous fuivre dans le détail de leurs
différentes parties, avec une application toute
nouvelle; car je ne fuis pas moins curieux de
les bien faire, que les artifices précédens: auffi
vais-je d'abord vous demander en quoi confifte
le moulage de leurs cartouches?

L'Amateur. Les cartouches des bombes ou balons se font, Monſieur, de deux manieres différentes?

375. La premiere qui eſt la plus ſimple, la
plus uſitée, & la plus favorable à l'arrangement
des garnitures, ſur - tout des ſerpenteaux &
pluies de feu en cartouche, conſiſte à les mouler
de dix pouces de longueur, & de cinquante-ſept
lignes de diametre extérieur, ſur un rouleau de
cinquante-deux lignes de gros : (je parle pour
nos mortiers de cinq pouces d'ame).

376. L'autre eſt de les faire ſur un *globe* de
bois de cinquante-deux lignes de diametre, portant à chaque point oppoſé, laiſſé par l'ouvrier
qui l'a tourné, un petit clou d'épingle ſans tête.

On le frotte de ſavon, & on le couvre à deux
lignes & demie d'épaiſſeur, avec une bouillie
faite de gros papier à ſucre, ou de mauvais carton
haché, détrempé dans de l'eau en conſiſtance de
pâte un peu ſolide, & manié avec de la colle de
farine.

377. Lorſque la boule eſt à cinquante - ſept
lignes de diametre, on éponge le cartouche pour
en extraire l'humidité, & lui donner du corps
par l'union de ſes parties ainſi preſſées. On le
laiſſe ſécher, & on le coupe tout autour en trois
parties; la premiere à un pouce de hauteur, & la
ſeconde par moitié de ſon diametre, à partir de
la pointe, & on les détache du moule.

Le Comte. Pourquoi faut-il, Monſieur, couper ce globe de carton en trois parties ; & quelle eſt la maniere de les réunir, ainſi que de former le premier cartouche ?

378. *L'Amateur.* La petite partie du cartouche ſphérique ne ſert plus, Monſieur, que de modele pour faire tourner par un ouvrier ; un certain nombre de petits *culots* de bois blancs, de même figure à l'extérieur, & d'un pouce de hauteur, coupés quarrément en dedans, & percés au centre dans toute leur épaiſſeur, d'un trou de ſix ou neuf lignes de diametre, appellé l'*œil* des bombes. (*Pl.* 4, *fig.* A, *o*).

379. On en a de ſemblables, mais de la largeur des cartouches cylindriques, & on pratique aux uns & aux autres, ſur leur bout plat, une *feuillure f* circulaire, de quatre lignes de hauteur, & d'un diametre à pouvoir entrer dans les cartouches, où on les colle à la colle forte, en y piquant des petits clous d'épingle. (*Fig.* B, *c*, *b*).

380. Les Artificiers ſont dans l'uſage de faire un peu plus épaiſſe, la partie inférieure des cartouches, que j'appelle la *culaſſe* des balons ; mais je préfere d'y mettre des culots, parce qu'ils les fortifient davantage, & les font mieux réſiſter à l'impulſion de la poudre qui les chaſſe du mortier.

Il eſt bon de vous obſerver, que l'on ne doit

d'abord avoir que deux ou trois culots de chaque efpece, & d'inégale épaiffeur, afin de pouvoir décider par des effais, ainfi que je le dirai plus loin, la hauteur jufte qu'il faut leur donner, parce que du plus ou moins de durée de la fufée que l'on met dans leurs trous, dépend la réuffite des bombes qui doivent s'enflammer, crever & jetter leurs garnitures à l'inftant qu'elles commencent à s'incliner vers la terre.

381. Par cette raifon, fi à un pouce de hauteur, les portes - feux font trop longs ou trop courts, il convient de diminuer ou d'augmenter un peu celle des culots ; ou, dans le dernier cas, d'élargir le diametre de leurs trous, ou bien d'affoiblir ou faire plus vive la compofition des fufées : mais ces différentes combinaifons, malgré tout ce que je pourrois vous en dire de certain, veulent, je le répete, des expériences, parce qu'il y a encore un autre inconvénient réfultant des fufées plus ou moins battues.

382. Si elles le font trop, elles font plus longtems à fe confumer ; fi au contraire elles ne le font pas affez, elles brûlent plus vîte, & alors les bombes retombent d'autant avant d'éclater, ou elles crevent à moitié de leur élévation. Vous voyez, Monfieur, d'après cet expofé, l'attention qu'il faut apporter, pour faire des bombes parfaites.

Le Comte. Comment ces petites fusées se char‑
gent & s'ajustent-elles donc, Monsieur, dans les
culots des bombes?

383. *L'Amateur.* Ces *portes-feux* non étranglés se
font, Monsieur, de six ou neuf lignes de diametre
extérieur, suivant celui de l'œil des culots, & au
moins d'un demi-pouce plus long, sur un rouleau
de quatre ou six lignes de grosseur, & se chargent
ou avec la quatrieme composition des étoiles
moulées, donnée pag. 96, ou avec l'une des
suivant, selon qu'elles réussissent le mieux.

COMPOSITIONS pour la Fusée des Bombes.	
MATIERES.	*POIDS.*
	onc. gr.
Fleur de soufre. . . .	0 2
Poussier	2 0
Limaille de fer. . . .	0 4
Fleur de soufre. . . .	1 0
Charbon	2 0
Poussier . : . . .	2 ou 3 0
Salpêtre	2 0
Fleur de soufre . . .	0 2
Charbon de *hêtre*. . . .	0 4
Poussier	2 2

384. On met au fond de ces cartouches, un
très-petit tampon de papier, seulement pour re‑
tenir la composition dont on les foule, & remplir

à un demi-pouce au plus près de l'autre bout ; que l'on couvre de même pour un tems : on ôte le premier tampon, & on amorce avec de la pâte.

385. On fend le cartouche en quatre ou six parties jusqu'au tampon ; on l'enduit de colle forte, ainsi que le trou du culot, & on l'y introduit, le bout amorcé à fleur du dedans : on rabat par dehors les sciures du cartouche, on les colle aussi, & on les retient sur le culot avec des petits clous de sémence.

Le Comte. Et pour garnir les bombes, quelle est maintenant, Monsieur, la façon d'y procéder ?

386. *L'Amateur.* On y répand, Monsieur, une ou deux onces de poudre de chasse, que l'on couvre d'une feuille de coton amorcé, de maniere qu'elle reste toujours au fond des bombes, lorsqu'on les remue, en l'arrêtant tout autour avec de la pâte.

387. On les garnit comme les fusées volantes, en les remplissant ou de serpenteaux ordinaires, brochetés ou percés de côté ; ou de pluies de feu en cartouches, en grains, ou d'étoiles avec des marrons ; ou enfin avec ces différens petits artifices mêlés ensemble, en y saupoudrant encore de la composition de chasse.

388. Pour plus de facilité à garnir les bombes sphériques, on colle autour du dedans une haute bande de papier saillante, en forme de rebord,

&

& on les remplit en arrondiffant : on y préfente l'autre moitié du cartouche (elle doit porter, à fon centre, une petite ficelle faillante au dehors de neuf à dix pouces, retenue en dedans avec plufieurs nœuds), & lorfqu'elles joignent l'une fur l'autre, (pour cet effet, il convient de couper un peu l'étranglement de chaque bout des ferpentaux, avant de les amorcer, ou de les faire de quelques lignes plus courts, parce que les cartouches des bombes qui n'ont que trois pouces de hauteur intérieure, auroient peine à les contenir, fans cette précaution), après avoir rabattu l'excédent du rebord fur la garniture, on les arrête enfemble avec plufieurs bandes circulaires de papier collé.

389. Comme la hauteur des balons cylindriques doit être égale à leur diametre, c'eft-à-dire, d'environ cinq pouces, on les remplit de façon à pouvoir les étrangler à cette hauteur ; & lorfqu'ils font en partie fermés, on y introduit un tampon de papier, portant auffi à fon centre une petite ficelle, comme la précédente. On la fait tomber au dehors, & on acheve d'étrangler les cartouches, en rapprochant leurs parties, pour les fermer à fait : on les arrête avec un certain nombre de boucles de ficelle, & on coupe l'excédent des ligatures, le plus près poffible.

N

390. Les bombes ainſi garnies & fermées, ſe recouvrent en entier, à l'exception de la fuſée & de la ficelle pendante, avec de la groſſe toile collée à la colle forte, juſqu'à ce qu'elles aient environ cinquante-neuf lignes de diametre, leur réſervant au moins une ligne de jeu, appellé le *vent*, pour qu'elles puiſſent aiſément entrer dans les mortiers.

Le Comte. A quoi ſert donc, Monſieur, cette ficelle pendante à l'extrémité des balons, & comment les arrange-t-on dans les mortiers pour les tirer ?

L'Amateur. Vous ne tarderez pas, Monſieur, à voir l'uſage de la ficelle que vous demandez.

391. Lorſque les bombes ſont ſéches, on ôte le tampon de la fuſée, & on l'amorce avec deux longs bouts d'étoupille, retenus en croix ſur la compoſition, avec de la pâte. *Pl.* 4, *fig.* C, & *fig.* D.

392. On enfile dans la lumiere des mortiers, une longue étoupille ſaillante en dedans, d'un ou deux pouces, & couchée dans toute la longueur de la rainure. On l'arrête avec de l'amorce, tant à ſon bout extérieur qu'au bord du trou, & on la couvre de deux bandes de papier collé.

393. La chaſſe des balons qui doit être de *relien* pure, c'eſt-à-dire, ſans charbon, & de la *vingt-quatrieme* partie de leur peſanteur, ce qui

revient à *cinq* gros, *vingt-quatre* grains par livre, s'arrange au fond des mortiers, comme celle des petits pots à feu, sur un lit de coton amorcé, & se couvre de même avec une rotule de fort carton, percée de plusieurs petits trous, & saupoudrée de poussier.

394. On descend les bombes au fond des pots, en les suspendant par la ficelle attachée à leur extrémité, & on les y glisse bien droit, la fusée portant sur la chasse. On coupe la ficelle que l'on ôte, & on les couvre d'un gros tampon de papier bourré tout au tour : on ferme les mortiers avec un rond de carton de même diametre, & on le retient par une bande de papier brouillard.

395. Quand on veut tirer les bombes, on déchire le bout du papier qui couvre l'étoupille de la rainure, & on y met le feu.

396. Leur effet, lorsqu'elles sont bien faites, est d'éclater avec bruit à une grande hauteur, en y développant les garnitures qu'elles contiennent, ne laissant voir jusqu'à ce moment qu'une petite traînée de feu, agréablement contrastée par une infinité de petits artifices *bruyans, mouvans & lumineux.*

Le Comte. Mais pour parvenir, Monsieur, à une telle exécution, comment se font donc les épreuves que vous m'avez dit être indispensables ?

L'Amateur. Ces essais, Monsieur, que je n'ai pas

N ij

oublié, peuvent fe faire à peu de frais de la maniere fuivante.

397. Comme de la pefanteur des bombes, fe
tire la quantité de poudre néceffaire pour les jetter, on en garnit une de chaque efpece, dont on
pefe la garniture féparément, & enfuite le tout,
lorfqu'elle eft finie, afin de décider par le total
de fon poids, celui de la chaffe, laquelle connue, s'arrange dans le mortier, comme je l'ai dit
plus haut.

On ajufte la fufée dans le culot des bombes
d'effai, & la poudre qui doit les faire crever y
étant répandue, on met deffus trois ou quatre
moyens marrons bien amorcés, dont on déduit
le poids, fur celui de la garniture pris à part.

On les couvre d'une rotule de carton non percée, & on la colle dans le fond du cartouche,
avec une ou deux bandes de papier, pour retenir
l'amorce en place.

On acheve de remplir les bombes avec autant
pefant de *gravier*, de *fable*, de *terre* ou de *cendres*
qu'il refte de poids de garniture ; & on les finit,
ainfi qu'il a été dit.

Ces balons fe tirent de jour, afin de pouvoir
obferver l'élévation où la poudre les porte, &
s'ils crevent en montant ou en retombant ; pour
de là régler la durée de la fufée, & le poids de
la chaffe, foit en augmentant ou en diminuant
un peu le volume de celle-ci, ou en pratiquant

pour l'autre, ce que j'en ai dit en fon lieu. Ces différentes connoiffances acquifes, on en tient une note qui fert de guide, pour l'exécution des bombes.

398. Leurs mortiers, quoique percés au centre, peuvent encore s'employer à faire des pots à aigrettes, en bouchant leurs trous avec un petit tampon de papier mâché.

399. On y met deux à trois onces de poudre de chaffe, & on les garnit comme les autres ; mais leurs gerbes doivent être de quinze lignes, & chargées avec certains feux, décrits au tableau des compofitions pour foleils tournans, &c. & que je rappellerai ici, pour plus de facilité ; enforte qu'après avoir mis & foulé deux ou trois cuillerées de chaque feu, en fûivant les numéros, on recommence à charger avec la premiere compofition, & ainfi jufqu'à ce que les cartouches foient entiérement remplis.

COMPOSITIONS pour les Gerbes de 15 lignes en forme de Volcans.		
N O M S des Feux.	*des Matieres.*	POIDS.
Premier Volcan.	Nº. 1.	onc. gr.
Brillant . . {	Pouffier	4 . o
	Limaille d'acier . .	1 . 4.

SUITE DES COMPOSITIONS pour les Gerbes de 15 lignes en forme de Volcans.

NOMS des Feux.	des Matieres.	POIDS. onc.	gr.
	N°. 2.		
Chinois rouge & bleu.	Salpêtre	4	0
	Soufre en grains	1	0
	Charbon.	1	0
	Pouffier.	1	0
	Fonte, N° 1 & 2 par moitié.	2	0
	N°. 3.		
	Reprendre la premiere compofition.		
Chinois blanc.	N°. 4.		
	Salpêtre	4	0
	Fleur de foufre.	2	0
	Pouffier	4	0
	Fonte, N° 2 & 3 par moitié	2	0
Second Volcan. Verdâtre.	N°. 1.		
	Pouffier.	4	0
	Limaille de cuivre	1	0
Brillant.	N°. 2.		
	Pouffier.	4	0
	Limaille d'acier	1	4
Chinois bleu.	N°. 3.		
	Soufre en grains	1	0
	Pouffier.	4	0
	Fonte, N° 1 & 2 par moitié.	2	0
Brillant clair.	N°. 4.		
	Pouffier	4	0
	Limaille d'éguilles.	1	0

SUITE DES COMPOSITIONS pour les Gerbes de 15 lignes en forme de Volcans.

NOMS des Feux.	des Matieres.	POIDS.	
		onc.	gr.
Troisieme Volcan.	N°. 1.		
Chinois blanc,	Salpêtre	14	0
	Fleur de soufre	2	0
	Pouffier	4	0
	Fonte, N° 2 & 3		
	par moitié	2	0
	N°. 2.		
Brillant	Pouffier	4	0
	Limaille d'acier	1	4
	N°. 3.		
Chinois rouge & bleu.	Salpêtre	4	0
	Soufre en grains	1	0
	Charbon	1	0
	Pouffier	1	0
	Fonte, N° 2 & 3		
	par moitié	2	0
	N°. 4.		
Brillant clair,	Pouffier	4	0
	Limaille d'éguilles	1	0
	N°. 5.		
Chinois rouge	Salpêtre	2	4
	Fleur de soufre	1	1
	Charbon	0	6
	Fonte, N° 2 & 3		
	par moitié	1	2
	N°. 6.		

Après deux charges de chacune des cinq compositions ci-deffus, on acheve la gerbe avec le feu N°. 2.

Ces gerbes ainſi variées de compoſition, imitent aſſez par les bouffées de feu qu'elles jettent, & par leur ſiflement, le bruit ſouterrein des *gouffres* & *volcans*, lorſqu'ils vomiſſent feu & flammes.

DIALOGUE CINQUIEME.

Des illuminations & galeries de feu.

400. *L'AMATEUR*. Lorſqu'on deſire, Monſieur, éclairer la décoration d'un théatre d'artifice , par des *filets* de lumiere , d'un ſeul coup de feu de certaine durée , on ſe ſert de lances d'illuminations que l'on arrange par ſymmétrie , ſur des tringles de ſapin ; aſſemblées ſuivant les différens contours & ornemens de la décoration ſur laquelle on les poſe.

Mais, comme il n'arrive gueres à des particuliers de faire des illuminations de cette étendue, qui ſuppoſent la conſtruction d'une carcaſſe de charpente, maſquée d'étoiles peintes, repréſentant un *palais*, un *temple*, un *arc* de triomphe, &c. on ſe borne à des *chifres d'armoiries*, à des *caracteres d'écriture* en *deviſes*, à des *las d'amour*, &c. que l'on deſſine ſur des panneaux, de bois de moyenne grandeur ; ou enfin à différentes figures, comme *divinités* de la *fable*, *pyramides*, *obéliſques* , *fontaines* , *portiques* , *trophées* ou autres de cette efpece, analogues à la fête que l'on fe propofe de donner.

Le Comte. La defcription que vous me faites, Monfieur, des illuminations de feu d'artifice, me fournit affez de projets de décoration ; mais quelle eft la maniere d'ajufter les lances fur ces différentes figures pour les éclairer ?

401. *L'Amateur.* Les tringles qui fe garniffent, Monfieur, d'*un*, *deux* ou *trois* rangs de lances, peuvent fe faire de deux pouces de largeur. Pour un filet de lumiere, on y pique au milieu, & de deux pouces en deux pouces, un moyen clou d'épingle : pour un double rang, on les pique auffi à la même diftance, mais fur chaque rive, & éloignés du bord de l'épaiffeur des lances, en obfervant de fauter une divifion pour ceux du fecond rang, afin qu'ils fe trouvent oppofés les uns aux autres ; ceux d'un troifieme rang fe pofent de même au milieu.

Quant aux illuminations en panneaux, on y pique auffi des clous d'épingle à même diftance, en fuivant le deffin tracé ; & on en borde les figures dont nous avons parlé.

402. On attache une lance à chacun des clous, en les mettant toutes du même adroit, c'eft-à-dire, que le fil, fi elles en portent, foit en travers de leur filet ; & après y avoir mis une pincée de pouffier, on les communique enfemble

avec des portes-feux étoupillés, que l'on ouvre
avec des ciseaux, d'un trou de la grosseur des
lances, pour faire poser étoupille dessus, avec
cette précaution, de ne pas la couper en faisant
les trous. (Il est plus sûr de les ouvrir avant d'y
passer l'étoupille.) On les noue légérement à mesure qu'on les communique, & on coupe l'excédent du fil.

On répond ces cartouches les uns aux autres
où ils finissent, en fourrant les bouts d'étoupille
un peu avant dans chaque porte-feu, & on les
couvre sur l'assemblage avec du papier blanc
collé.

On met de distance en distance, de pareilles
communications en travers, lorsque les illuminations sont doubles, triples, &c. & on ne termine pas celles des tringles, si on en fait usage
aux endroits où elles doivent s'assembler, afin
de les réunir ensemble sur place, comme je viens
de le dire, & on ajoute un bout de cartouche
étoupillé à celui de la premiere lance où on doit
mettre le feu. (Il doit être à peu près à la moitié
de la piece, pour qu'elle prenne feu plus promptement, par tout à la fois.)

Toutes les communications bien faites, on les
couvre de plusieurs tours de papier brouillard,
collé sur le bout des lances, & on en enveloppe aussi leurs pieds, à la hauteur des clous,

en faifant un peu déborder le papier fur le bois.

Le Comte. Et pour faire des illuminations à petards, comment y emploie-t-on, Monfieur, ceux que vous m'avez fait réferver pour cet ufage ?

403. *L'Amateur.* Pour faire, Monfieur, des illuminations de cette efpece, que l'on appelle à *batteries*, on attache les petards à chaque clou d'épingle, & on met dans leurs trous une pincée de pouffier.

On dédouble le papier qui bouche les lances ; on le coupe, on enduit de colle le bout des cartouches, & on les introduit jufqu'à fond du gobelet des petards qui leur fervent de pieds. On les arrête enfemble avec plufieurs révolutions de papier brouillard, que l'on prolonge jufqu'en bas ; & lorfqu'il eft fec, on communique les lances de la maniere que je l'ai dit plus haut, en couvrant auffi leurs bouts avec du papier.

Le Comte. En quoi confifte donc, Monfieur, la conftruction des galeries de feu que vous m'avez annoncées ?

404. *L'Amateur.* Les galeries de feu fe font, Monfieur, avec des gerbes ou des chandelles romaines, & quelquefois avec les unes & les autres pour plus de variété.

405. On les attache en forme de baluftrades

fur des tringles de fapin , coupées fuivant la longueur , & le cóntour des entablemens de la décoration que l'on en garnit , ou de telle autre
figure que l'on juge à propos , pour les pofer fur
des poteaux ; mais les cartouches doivent toujours être d'à-plomb , & à une égale diftance les
uns des autres.

406. Lorfqu'on veut les tirer d'un feul coup
de feu , ce qui convient particuliérement aux
balcons de décoration , qui alors doivent être de
même efpece d'artifice , on communique enfemble tous les cartouches , tringle par tringle ,
avec des portes-feux étoupillés , que l'on courbe
en demi-cercle de l'un à l'autre , pour prendre
leurs bouts dans les gobelets des chemifes ; & on
en met un fecond dans la premiere gerbe , en le
faifant tomber affez bas , pour pouvoir lui donner feu.

407. Il ne faut , pour ralonger ce porte-feu ,
que l'enfiler dans un bout de cartouche de lances de trois lignes ; lui en ajouter un autre , en
fourrant l'étoupille un peu avant dans fon trou,
& couvrir la jointure avec le cartouche mobile
que l'on colle deffus , après y avoir piqué haut
& bas , une épingle en travers des étoupilles , &
ainfi pour une plus grande longueur. (On en fait
autant pour tous les cartouches des portes-feux,
qui ne peuvent atteindre d'un jet à l'autre.)

408. Si la décoration eſt à triple portique, on fait les deux petites galeries en feu chinois, & celle du milieu en brillant. On tire les deux enſemble, & la grande après quelqu'autre piece, afin de diverſifier le ſpectacle ; ou toutes trois à la fois, ſi elles ſont de même compoſition, & ſi le feu d'artifice eſt un peu volumineux.

409. Les galeries *iſolées*, c'eſt-à-dire, celles attachées ſur des poteaux, peuvent ſe faire à neuf cartouches, & ſe tirer pour plus de durée, de deux en deux gerbes : celles des bouts en chandelles, les deux ſuivantes en chinois, les deux autres comme les premieres, & les trois du milieu en brillant, en communiquant le feu des têtes aux gorges des fuſées.

Le Comte. Je penſe, Monſieur, que ce ſeroit ici le cas d'employer des marrons, pour faire terminer par des petards, ainſi que vous me l'avez dit, les cartouches qui ne communiquent pas leur feu à d'autres pieces ?

L'Amateur. Votre obſervation eſt juſte, Monſieur ; mais je voudrois ſavoir à mon tour, comment vous comptez vous y prendre ? La choſe n'eſt pas difficile.

410. *Le Comte.* Il ne s'agit, je crois, Monſieur, que de mettre quelques bouts d'étoupille dans la chemiſe de la tête des cartouches ; d'y poſer un marron amorcé, ſon étoupille ſur leur trou, &

de les coller enfemble; ou s'il ne peut y entrer,
de le coller dans un coffre de papier blanc, un
peu plus haut, fon amorce en deffus & auffi
avec des étoupilles; d'y introduire le bout des
cartouches, après avoir coupé à fleur leur chemife qui devient inutile, & de coller celle des
marrons fur les fufées.

L'Amateur. On ne peut, Monfieur, rien de
mieux entendu, pour terminer avec bruit les galeries de feu, & ranimer la tranquillité du fpectacle.

DIALOGUE SIXIEME.

Des Fontaines, Cafcadès & Nappes de feu.

411. *L'AMATEUR.* L'architecture nous offre,
Monfieur, affez de modeles de fontaines, fans
qu'il foit befoin de nous arrêter ici à en décrire
aucunes; il fuffit de favoir que pour les imiter
en feu, on doit choifir parmi elles, les plus
aifées à exécuter, & les moins difpendieufes;
telles que des *pyramides*, des *obélifques*, &c. pour
en former un panneau de menuiferie, ou un chaffis
de bois, recouvert de toile ou de papier peint
à la détrempe, repréfentant des *gueules*, des *têtes*
ou autres figures analogues aux fontaines, &
par où elles jettent l'eau, afin d'y placer des jets

chargés en compofition de limailles de cuivr
d'épingles, dont la couleur approche affez de la
verdâtre.

Le Comte. Votre énoncé, Monfieur, eft bien
inftructif ; mais je ferai encore plus fatisfait,
lorfque vous m'aurez enfeigné la façon de monter les jets fur une fontaine, & de les communiquer entr'eux.

412. *L'Amateur.* On attache, Monfieur, autant
qu'il eft poffible, les jets derriere le panneau des
fontaines, pour qu'elles faffent plus d'illufion ;
& on laiffe un peu faillir leurs gorges fur le parement de la décoration, en les pofant aux endroits où elles font cenfées devoir jetter l'eau.
On en dirige le feu de maniere que les uns le
pouffent *horifontalement*, les autres de *côté*, ceux-
ci *droit*, ceux-là vers la *terre*, d'autres au *fommet* en forme d'aigrettes, & d'autres en fe *croi-
fant* ; le tout fuivant que l'exige la figure de la
fontaine, & l'effet que l'on veut lui faire produire.

413. On communique tous les cartouches enfemble, en mettant de l'un à l'autre, des portes-
feux étoupillés dans le gobelet des chemifes ; &
on en ajoute un de plus à celui des jets, le plus
commode à diftribuer le feu aux autres.

414. Si la fontaine eft compofée d'un certain
nombre de jets, on peut, pour en prolonger la

ᵗe, les faire jouer fucceſſivement, mais par ſymmétrie de deux en deux, ou par trois ou quatre à la fois, en tirant le feu de la tête de ceux qui doivent brûler les premiers, pour le porter à la gorge des autres, & de façon que le dernier coup de feu ſoit toujours le plus compoſé, & que l'aigrette parte avec.

415. On peut encore décorer les fontaines, d'une bordure d'illumination que l'on fait jouer la première; & pour n'y pas remettre le feu, on le communique du pied de quelques-unes des lances, après avoir ôté ſa terre graſſe, à la gorge des jets qui doivent commencer. Cette diverſité ajoute encore à la beauté des fontaines par le contraſte qu'elle opere. (Voyez *pl.* 4, *fig.* E, pour l'effet de cette fontaine.)

Le Comte. Et les caſcades qui ſont auſſi, Monſieur, une autre ſorte de fontaines, comment ſe font-elles donc?

416. *L'Amateur.* Les *caſcades* de feu pour être, Monſieur, une imitation parfaite de celles d'eau, devroient ſe figurer comme elles, c'eſt-à-dire, avec un certain nombre de *goulettes*, ou de *perrons* en chûte de l'un à l'autre, comme on en voit dans les boſquets & à la grande caſcade de Saint-Cloud : en *rampes* douces, comme à celle de Sceaux ; ou enfin en *buffets*, comme à celles de de Trianon & de Verſailles.

On

On garniroit ces différentes fortes de *baffins*, fi on peut les appeller ainfi, avec des jets couchés deffus horifontalement, dont le feu lent & de groffes étincelles, tomberoient en *napes* de piece en piece; ce qui approcheroit affez de la chûte des eaux d'une cafcade.

Mais comme une machine de cette efpece feroit trop difpendieufe, on peut en faire une beaucoup plus fimple & à peu de frais : elle fera, j'en conviens, moins une cafcade, qu'une forte de fontaine de feux réjailliffans fur eux-mêmes, mais auffi elle fera plus aifée à exécuter.

417. Il ne s'agit pour cela, que d'avoir *deux* tablettes de fapin, d'un pouce d'épaiffeur, de onze de largeur, & de dix-huit de longueur. On les divife en deux parties égales fur leurs travers, & on réduit une de leurs rives, à fix pouces de longueur de chaque côté du milieu, en abattant l'excédent en ligne droite, jufques aux bouts de l'autre rive, que l'on taille en portion de cercle dans toute fa longueur.

On trace fur ces tablettes, *deux* demi-cercles à partir du bord plat; l'un de huit pouces un quart, & l'autre de fept pouces un quart d'ouverture de compas : on divife le premier en *qua-tre*, & le fecond en *fix* parties, en répétant l'opération des deux côtés d'une tablette feulement, pour en faire celle du bas de la cafcade,

9

& on les perce toutes deux au milieu de la ligne, & à quatre pouces de diftance du petit cercle, d'une mortaife de quinze lignes en quarré.

L'autre tablette fe double de fer-blanc, auquel on ajoute encore un rebord de même efpece, faillant au moins de quatre pouces. On lui donne à peu près la forme de celui d'une poële renverfée, & on le fait tomber droit par derriere, à l'affleurement de la tablette.

Pour porter ces tablettes, on a une perche de huit pieds, & de deux épaiffeurs inégales par moitié de fa longueur: l'une doit avoir deux pouces, & l'autre quinze lignes d'équarriffage: on l'enfile jufqu'à fond dans la premiere tablette, que l'on retient en travers avec une clavette de bois, paffée dans une mortaife, & enfuite dans la feconde, que l'on arrête à un pouce du haut, fon rebord en deffous, entre deux clavettes auffi en travers.

Le Comte. Quelle eft donc, Monfieur, la maniere de diftribuer les jets fur ces tablettes, & de les communiquer, pour en faire une cafeade ou fontaine de feux jailliffans fur eux-mêmes, ainfi que vous me l'avez dit?

418. *L'Amateur.* Lorfque la machine eft faite, Monfieur, dans les proportions que je viens de décrire, on démonte les tablettes, & on y pique droit fur les trois divifions intérieures du grand

demi-cercle , des clous applatis & sans têtes,
de deux pouces au moins de saillie: on en fait
autant sur l'autre demi-cercle, en sautant une
division de chaque côté du milieu; & on pique
encore de pareils clous sur les mêmes divisions
du dessous de la tablette d'en bas; mais un peu
en pente sur le devant.

419. On attache un jet de feu brillant, à chacun de ces clous , après avoir renfermé dans le
gobelet de la tête des trois jets du devant de
chaque tablette , *deux* portes-feux étoupillés ;
assez longs pour atteindre aisément à la gorge
des autres cartouches , avec lesquels on les communique ainsi.

On conduit les portes-feux du jet du milieu
de droite & de gauche, à la gorge du jet suivant;
& ceux de ces jets se portent de même à la gorge
de celui du dedans & du bout.

On monte les tablettes sur la perche, & on
attache dans la gorge vuide du jet du dessus de
la tablette d'en bas, *trois* cartouches étoupillés ;
dont un se prolonge jusqu'à la gorge du jet du
dessous; l'autre à celle de celui du haut; & le
dernier sert à y mettre le feu.

420. On arrête cette cascade au-dessous de la
premiere tablette, à un poteau scellé en terre;
& lorsqu'elle a pris feu, elle joue par *trois , six*
& *neuf* jets à chaque reprise : savoir, pour la

R ij

premiere, *trois* au *milieu* ; *un* en haut, *un* entre
les tablettes, dont les étincelles qui frappent
celle du deſſus, ſe trouvant contenues & ramaſ-
fées par ſon rebord circulaire, rejailliſſent ſur
elles-mêmes, en forme de chûte de caſcade, &
un deſſous, dont la violence & la portée étant
repouſſées par la terre, le font éclabouſſer de
toute part : la ſeconde repriſe eſt compoſée de
ſix jets, deux deſſus, deux deſſous & deux en
bas ; enfin la derniere repriſe eſt de *neuf* jets,
trois en deſſous, trois entre les tablettes, & trois
en haut.

Si l'on vouloit faire la derniere repriſe plus
abondante en feu & plus variée, on pourroit y
ajouter quatre jets ; *deux* en haut, attachés en
dehors ſur les coins du rebord en fer-blanc, en
les communiquant avec les gorges des deux cartouches des bouts, & en dirigeant leur feu de maniere qu'ils le pouſſent en contre-bas de la figure
d'un A ou cône ; & *deux* poſés ſur les angles de
la tablette d'en bas, en tirant auſſi leur feu de
la gorge des jets des bouts de cette tablette, &
en les attachant en ſens contraire des premiers,
c'eſt-à-dire, de la forme d'un V ou cône renverſé,
afin qu'ils ſe croiſent enſemble. Cette variété
augmenteroit encore l'agrément de la caſcade,
qui jetteroit le feu en côté d'autant plus loin,
que ces quatre cartouches auroient plus d'ouver-

ture entr'eux. (*Pl.* 4, *fig.* F, eſt le dernier coup de feu de cette caſcade, qui peut ſe terminer par quelques petards, ainſi que vous l'avez défini à l'article des galeries.)

Le Comte. Et pour faire une nappe de feu, en quoi conſiſte, Monſieur, la conſtruction de la machine propre à porter les jets qui la compoſent?

421. *L'Amateur.* C'eſt encore ici le cas, Monſieur, d'avoir recours à quelques deſſins tracés par l'architecture, comme à une *niche*, à une *grotte*, &c. pour en former, ainſi que je l'ai dit, des fontaines, un panneau ou un chaſſis de certaine grandeur, couvert de toile ou de papier peint, repréſentant une *charmille*, un *treillage*, ou pour le mieux, une *rocaille* avec ſa *corniche* d'entablement, ſoutenue par *deux pilaſtres* ou *colonnes* de goût, & ſurmontée de *trois vaſes* ou de trois *baſſins* en *coquilles*, ou autres figures analogues aux pieces d'eau, faites en élévation; l'un au milieu, & les autres ſur les colonnes; le tout pour ſervir de fond à une machine pyramidale, conſtruite de la maniere ſuivante.

422. On a trois *plateaux* ou *baſſins* de ſapin, d'un demi-pouce d'épaiſſeur, droits ſur un bord & coupés ſur l'autre en demi-rond; le premier à vingt-cinq, le ſecond à dix-neuf, & le dernier à treize pouces de *cintre*, à partir du milieu qui

doit avoir à la distance d'un pouce de sa rive plate, une mortaise de quinze lignes en quarré. On les abat un peu en talus sur leur partie cintrée, & on y trace une ligne circulaire à un pouce au-delà du chamfrain.

On donne à la perche de six pieds dix pouces, qui doit porter ces plateaux, deux pouces d'équarriffage à la longueur de cinq pieds & demi, & quinze lignes au reftant, pour l'enfiler jufqu'à l'arafement, dans le plus grand baffin, & enfuite dans les autres par gradation, à la diftance de fix pouces de l'un à l'autre, en les retenant tous avec des clavettes paffées en travers.

Le Comte. Ces détails font bien fenfibles, Monfieur; mais quelle eft donc la façon d'arranger les jets fur ces baffins, & de les communiquer enfemble?

423. *L'Amateur.* Les cartouches avec lefquels on fait, Monfieur, des nappes de feu, ne s'étranglent pas; on met feulement à demeure un tampon de papier au fond, pour retenir la compofition de limaille de fer, de cuivre ou d'épingles, mêlée de charbon, de chêne, groffiérement pilé, dont on les charge légérement, & on les amorce avec une étoupille, en les couvrant de pâte.

424. On les couche à plat fur les baffins, que l'on démonte pour plus de facilité, & on les y attache, leurs gorges à fleur de la ligne circulaire,

de façon qu'ils en suivent le contour, & qu'ils soient peu éloignés les uns des autres.

425. On les communique tous ensemble avec des portes-feux étoupillés, à l'exception de celui du milieu, dont les conduits qui doivent y aboutir, se prennent avec celui de chaque jet de côté.

On remonte les bassins sur la perche, & on la garnit de quatre pareils jets, en les y attachant à même hauteur, sur les faces de son bout saillant au-dessus; & on les communique ensemble, à celui du devant près, dont on réserve les portes-feux dans les gobelets, des deux cartouches qui le joignent.

Le Comte. Quelle est donc, Monsieur, l'utilité du chamfrain des bassins ? je ne la vois pas encore, ni pourquoi on réserve ainsi des jets non communiqués avec les autres ?

426. *L'Amateur.* Comme les étincelles, pour imiter une nappe d'eau, doivent tomber de bassin en bassin, le chamfrain de ceux-ci sert, Monsieur, à recevoir une bande circulaire de fer-blanc, assez haute pour poser sur le bord des jets de dessous, celle d'en bas pendante à même hauteur.

On les attache aux deux extrémités & au milieu, avec des petits clous d'épingle non à demeure, & on les retient encore sur les bassins avec plusieurs bandes de papier collé.

On en fait une en sus, de la forme d'un demi-

Q iv

entonnoir, fermée par derriere avec une plaque, pour l'arrêter fur le petit plateau ; & on la taille de maniere qu'elle embraffe à peu près les jets de bout, & couchés de ce baffin.

427. Quant aux jets laiffés ouverts, c'eft pour communiquer les baffins enfemble, en difpofant deux cartouches étoupillés affez longs , pour atteindre de l'un à l'autre : le premier fe met dans la gorge du jet du grand baffin, avec les deux petits réfervés de côté; le fecond au jet du baffin fuivant, avec le bout du premier & ceux de côté; & ce deuxieme fe prend auffi de même dans la gorge du jet du petit baffin avec ceux de côté, mais on y ajoute encore un porte-feu, pour le communiquer au jet de bout qu'on laiffe ouvert, afin de l'y renfermer fur place, avec un de ceux des jets du couronnement de la niche ou grotte dont j'ai parlé.

428. Ce panneau qui doit être au moins d'un pied plus haut dans fon milieu, que la machine de la nappe de feu, fe garnit derriere chaque vafe ou baffin en coquille, de *trois* jets noués enfemble & pareils aux autres , c'eft-à-dire, chargés de même compofition & non étranglés. On les y attache au milieu à peu de faillie, & on les communique tous enfemble, en en laiffant auffi un ouvert au vafe d'en haut.

429. Lorfqu'on veut faire la nappe de feu plus

composée & plus brillante, on borde son panneau de décoration d'un filet de lances, & on
attache au pied de celle du milieu du cintre,
un porte-feu étoupillé, pour le communiquer à
la gorge du jet droit du premier baffin de la
pyramide.

430. Ces deux pieces ainsi disposées, on arrête
la premiere à un poteau planté en terre, & on
attache le panneau derriere, en le prenant avec
des cordes passées en travers, dans des trous
faits à la largeur du poteau sur lequel on les noue
solidement.

431. On les communique ensemble, en prenant
dans le gobelet du jet du vase, avec ceux réservés
de côté, un cartouche étoupillé de longueur à
pouvoir aboutir à la gorge du jet droit du petit
baffin, pour l'y renfermer, tant avec ceux de
côté, qu'avec ceux du pied de la lance & du jet
couché.

Si au lieu de communiquer le porte-feu de la
lance au jet de la pyramide, on le conduit par
un trou fait dans le panneau au jet du vase, &
que ce dernier jet ait à sa tête un cartouche
étoupillé, passé de même dans un trou, pour
atteindre au jet de la nappe, elle sera alors à *trois*
reprises.

432. Cette piece d'artifice placée dans un jardin, au bout d'une allée d'arbres ou à la tête

d'une piece d'eau, fait un affemblel effet par l'op-
pofition de fes deux coups de feu, fi elle eft
communiquée pour cela. Le premier en illumination, l'éclaire & en trace toutes les parties; &
le fecond forme une forte de nappe, ou fi on
veut l'appeller ainfi, une cafcade de feu pyramidale, au moyen de fes groffes étincelles, qui,
roulant de bande en bande entre les baffins, fe
réuniffent dans leur chûte de l'un à l'autre, tandis
que les jets des vafes jouent avec. (*Pl.* 4, *fig.* G,
n, eft celle de la nappe à feu tombant, & *fig.* d,
celle de la décoration avec fes baffins en coquilles,
auffi enflammés.)

433. Je vous obferverai, Monfieur, que cette
piece, toute compofé qu'elle eft, peut néanmoins
fe fimplifier, en fupprimant l'illumination ou les
jets des vafes, ou un ou deux plateaux; & que
fi vous voulez la faire fans lances, il faut mettre
un bout de cartouche étoupillé avec ceux du jet
du milieu du premier baffin, pour lui donner
feu, & toujours derriere le panneau de décoration.

434. On peut auffi employer ce dernier avec
la cafcade, en l'élevant un peu plus, & fans le
garnir d'artifice, ou feulement de trois jets brillans étranglés, en communiquant fur place celui
du milieu, avec un des derniers de la tablette
d'en haut. Si on le bordoit de lances, il faudroit

tirer le feu, comme à la pyramide, du pied d'une
lance, pour le porter ou au premier jet de la
cascade, dont la derniere reprise le communiqueroit à ceux du couronnement ; ou au jet du milieu de ce panneau, & de sa tête au premier jet
de la cascade qui commenceroit par l'illumination, ensuite les jets du dessus, & finiroit par le
jeu des tablettes ; ce qui feroit la piece à *cinq*
reprises.

_____

DIALOGUE SEPTIEME.

Des Soleils tournans & des Soleils fixes.

435. *LE COMTE.* C'est donc enfin ici, Monsieur,
où après m'avoir donné les proportions d'un
moyeu propre à faire un soleil tournant, je
monterai dessus les trois jets brillans réservés
pour cet usage ; car il y a long-tems que je desire
de connoître cette piece d'artifice ?

436. *L'Amateur.* Comme un soleil tournant
n'est autre chose, Monsieur, qu'un certain nombre de jets brillans ou autres, rangés sur les rais
d'une roue en place de jantes, & que par son
mouvement de rotation *verticale* , c'est-à-dire,
vu en face , il forme une épaisse circonférence
de feu, vous n'êtes pas si éloigné de le connoître
que vous le pensez, puisque sans vous en apperce-

voir, vous en avez déjà fait une forte, en montant un courantin triple voltigeur, avec des jets
pofés fur ces rais, en travers de fon tuyau. Sa
différence ne confifte que dans la conftruction
du moyeu, la maniere de communiquer les jets
de l'un à l'autre, & de ce qu'il tourne fur un
effieu de *fer*, arrêté au haut d'un poteau fcellé en
terre.

Le Comte. Vous me faites remarquer, Monfieur, qu'un courantin voltigeur eft en effet une
forte de foleil tournant; mais comme celui dont
nous allons nous amufer, tourne fur une broche
de fer, & que fon moyeu differe de celui-là, je
vais vous fuivre dans le détail des pieces qui le
compofent.

437. *L'Amateur.* Ce moyeu de bois dur, & de
deux pouces un quart de longueur, fur deux
pouces de diametre, pour un foleil tournant à
trois reprifes, doit être percé au centre dans toute
fa longueur, d'un trou de cinq lignes; & dans
fon milieu, de trois autres trous de fix lignes
par tiers de fa circonférence. On en réduit les
bouts en mourant, à un pouce de groffeur, fur
la longueur de fix lignes; & on les couvre
d'une plaque de cuivre, percée au milieu, d'un
trou de trois lignes, & retenue avec des clous
d'épingle: (on en met à toutes pieces mobiles
un peu longues, pour moins de frottement fur

leur *axe* , en proportionnant leurs trous à son
diametre.

On y colle trois rais de deux pouces un quart de
longueur, & faits comme ceux décrits page 163;
mais leurs boutons doivent avoir un pouce de
grosseur, sur dix lignes de longueur.

438. La façon de monter les jets sur ces rais
est la même, pour ne pas le répéter, que celle
dite page *ibid.*; j'ajouterai seulement qu'après
avoir mis un bout de cartouche étoupillé, dans
la gorge du premier jet, pour donner feu à la
piece, on en renferme un autre dans sa tête, &
on le communique à la gorge du second jet, &
ainsi au dernier.

439. Quand on veut faire ce soleil tournant
à petards, ce qu'on pratique quelquefois pour
ceux qui n'ont aucune communication avec
d'autres artifices , on attache sur le milieu de
chacun des jets, avec du fil de fer passé dans le
trou des rais , un petit *marron* enveloppé de sa
chemise , de façon que son amorce regarde la
gorge du jet suivant ; & on les communique ensemble par un cartouche étoupillé , pris avec
celui qui doit mettre le feu au second jet, &
ainsi pour l'autre ; mais le dernier marron se
communique avec la tête du dernier jet (*pl.* 4,
fig. H), laquelle doit alors être bien recouverte
de papier collé , ainsi que le porte-feu, de peur

que le premier jet ne l'enflamme, & ne *mille* la
piece; (terme dont on se sert, pour exprimer
qu'elle a pris feu à droite & à gauche à la fois,
& qu'elle ne tourne pas. On en dit autant des artifices fixes qui prennent feu avant leur tems, et
qui cause de la confusion dans le spectacle).

440. On donne à l'essieu de fer qui doit porter ce soleil, deux grosseurs inégales : la première
de deux pouces dix lignes de longueur, se fait
d'environ trois lignes de diametre, & se *tarode*
par le bout pour recevoir un *écrou*; & la seconde
de deux pouces moins un quart de longueur,
doit avoir six lignes de diametre, & porter sur
le devant, un *trou* à passer une petite broche servant à visser l'essieu, dont le bout à *vis* en bois,
se dégrossit un peu en mourant, depuis le derriere
du trou. (*Pl.* 4, *fig.* L.)

441. On peut encore faire l'affût de ce soleil,
avec un *plateau* de bois de tilleul, de huit lignes
d'épaisseur, & de cinq pouces un quart de longueur, en le coupant de cette grandeur, à *six*
pans égaux sur toutes faces, & en pratiquant de
deux en deux, sur trois de ses épaisseurs, une
canelure propre à recevoir les jets ; mais comme
cette sorte de moyeu n'a pas la longueur du premier, on le monte sur l'essieu, entre deux *noyaux*
de bois un peu gros : (ce sont des rotules en
forme de dames à jouer, percées suivant le dia-

mêtre des axes de fer,) afin de tenir la piece en même situation ; parce que sans cette précaution, elle iroit deçà & de là, & ne tourneroit pas droit.

442. Pour un soleil tournant à quatre reprises, on peut de même employer un bout de planche de huit pouces quarrés, en la divisant par tiers sur chaque face, & en coupant ses angles depuis le premier point d'un côté, jusqu'à celui de l'autre côté ; ce qui la met à huit pans, sur les plus courts desquels on fait les canelures des jets.

Ces sortes d'affûts ont un avantage sur les moyeux à rais, en ce qu'il est plus aisé d'y ajuster des bouts de lances, lorsqu'on veut éclairer le centre du soleil tournant par une petite illumination ; mais alors il faut avoir l'attention de ne pas la faire paroître avec du feu brillant qu'elle obscurciroit.

443. Ces lances qui doivent être de peu de durée se font d'un pouce, ou tout au plus d'un pouce & demi de longueur ; on les attache sur le plateau en forme *spirale*, c'est-à-dire, de la figure du contour d'une *coquille* d'escargot, & on les communique ensemble avec un porte-feu qui aboutit à la tête du premier jet.

Le Comte. Et pour un soleil tournant à six reprises, quelles sont donc, Monsieur, les proportions de la roue propre à cet effet ? ne pourroit-on pas même le faire encore de plus longue durée ?

444. *L'Amateur.* Pour un foleil tournànt à fix reprifes, il ne s'agit, Monfieur, que d'avoir un moyeu de deux pouces un quart de longueur, fur trois pouces de diametre ; de diminuer fes bouts de moitié, & d'y viffer fix rais de fix pouces un quart de longueur.

445. Quant à le faire de plus longue durée, il y a deux moyens d'y parvenir, foit en doublant les jets fur les rais, dont le bout doit alors porter une *jante* droite à double canelure ; mais il eft à craindre que les portes-feux du fecond rang ne s'enflamment, à moins de les couvrir avec des bandes de carton; ou en augmentant de beaucoup le diametre de la roue, qui, dans l'un & l'autre cas, auroit peine à furmonter la réfiftance que fa pefanteur, jointe à celle de douze jets, lui oppoferoit, à moins d'en faire partir deux enfemble, ce qui reviendroit toujours à un foleil tournant à fix reprifes.

446. Une autre maniere de monter encore un foleil tournant à fix ou huit reprifes ; mais moins vuide de feu au centre de fa révolution, c'eft de garnir d'un fecond rang de jet, le moyeu à trois rais, ainfi que les plateaux. On les attache ferme en travers des premiers, fur chacun de leurs bouts, & on communique chaque rang de fuite, en conduifant le porte-feu de la tête du dernier jet de devant, à la gorge du premier de derriere.

Cet

Cet arrangement fournit de plus un moyen de variété, parce qu'on peut faire tourner la piece de droite à gauche, en mettant le second rang dans un sens contraire à l'autre; mais il faut alors charger en feu commun, la fin du dernier jet du premier rang, pour ralentir un peu la vîtesse de la rotation du soleil, & marquer par-là son changement de direction. *Pl.* 4, *fig.* K.

Le Comte. Sans doute, Monsieur, que les soleils tournans s'emploient encore à l'exécution de beaucoup d'autres pieces; car je me souviens d'en avoir vu, dont le mouvement ne produit pas l'effet de ceux que vous venez de décrire: quelle est donc la maniere de les arranger pour cette fin?

L'Amateur. Les soleils tournans servent à la vérité, Monsieur, à former nombre de pieces différentes les unes des autres par l'effet qu'elles produisent; mais, comme il seroit un peu long de les détailler toutes, bornons-nous à l'exécution de quelques-unes des plus amusantes.

447. Celle appellée *roue de table*, parce qu'elle tourne circulairement sur une table de bois de deux pieds de diametre, bien ronde & unie, se fait avec un moyeu de deux pouces sept lignes de longueur. On le perce au centre d'un trou de cinq lignes, & on lui donne trois épaisseurs différentes.

P

La première d'un pouce & demi de longueur, doit avoir trois pouces de diametre, & porter à neuf lignes du bout arrondi un peu en mourant, jusqu'à un demi-pouce de son centre, *six trous* à écrous également distribués, pour recevoir autant de rais semblables à ceux du grand soleil tournant : la seconde de neuf lignes de longueur, se met à dix-huit d'épaisseur, afin de dégager la partie du moyeu ; & la derniere de quatre lignes de longueur, se fait de trois pouces & demi de diametre, en forme de roulette. *Pl.* 5, *fig.* A.

448. L'essieu de ce moyeu est une tringle de fer de quatorze pouces & demi de longueur, & d'environ trois lignes de diametre, portant à la distance de trois pouces quatre lignes de l'un de ses bouts, une mince *embasse* d'un demi-pouce de diametre, pour servir d'*arrêt* au moyeu que l'on y enfile par ce bout, & que l'on retient avec un écrou.

449. On a un tourniquet de fer de six lignes d'épaisseur, sur huit de diametre, percé au centre d'un *trou* de quatre lignes, & prolongé au-delà de ce diametre, d'une *branche* de quatre lignes de longueur, sur six de largeur, pour y visser l'autre bout de l'essieu ; ensorte que cet anneau a au total un pouce de longueur ; savoir, six lignes d'écrou, quatre de trou & deux de fer. (*Pl.* 5, *fig.* B, est l'assemblage de ces pieces.)

450. Lorſqu'on veut faire uſage de ce ſoleil tournant, on le garnit de ſix ou de trois jets brillans (dans ce dernier cas, on a trois rais de deux pouces un quart de ſaillie), & on les communique de l'un à l'autre, pour prendre feu ſucceſſivement.

451. On attache la table bien droit avec deux clous à vis en bois, ſur le bout d'un poteau de huit à neuf pieds, & on y viſſe au centre dans un trou fait exprès, un *pivot* de *fer*, de ſix pouces de longueur, & de trois groſſeurs inégales.

L'une de deux pouces de longueur, ſur quatre lignes de diametre, doit avoir ſon bout *tarodé* en bois à la longueur d'un pouce : l'autre de neuf lignes quarrées, plate en deſſous & un peu arrondie en deſſus, ſe perce au milieu pour y paſſer une broche, ſervant à viſſer la piece ; & la derniere de trois pouces un quart de longueur, ſur trois lignes de diametre, ſe diminue un peu vers la pointe, afin d'y pratiquer un pas de *vis*, à la diſtance de ſeize lignes de ſa baſe, pour recevoir un écrou. *Pl. 5, fig. C.*

452. Le poteau garni, on le ſcelle en terre & on enfile le tourniquet de l'eſſieu ſur le pivot, en l'arrêtant avec ſon écrou. On y monte le ſoleil que l'on retient de même ; & ſi le tout eſt fait dans les proportions décrites, la roulette doit porter ſur le bord de la table, & tourner vertica-

lement autour, en préfentant de tous côtés une roue de feu affez amufante, par fon mouvement circulaire. *Pl.* 5, *fig.* D.

453. Cette piece peut encore s'augmenter, en mettant un fecond foleil oppofé au premier, & monté de même: il ne s'agit que d'avoir un tourniquet à deux branches, & de communiquer enfemble le premier jet de chaque roue, en ajóutant de plus à l'un d'eux, un bout de cartouche étoupillé, pour leur donner feu à la fois. (Ces dernieres communications doivent fe préparer d'avance, afin de n'avoir plus qu'à les attacher fur place.)

454. Si à ces foleils on en ajoute un troifieme, au moyen d'un tourniquet à trois branches également compaffées, la piece fe nomme alors *machine des tourbillons*. Les jets par trois ou fix, étant montés fur les roues, pour les faire tourner du même côté (on peut, en doublant les jets fur les trois rais, changer leur marche du premier au fecond rang), & les trois foleils communiqués pour prendre feu enfemble, ceux-ci en formant, comme les premiers, des tourbillons enflammés, courront auffi l'un après l'autre très-rapidement autour de la table, fans jamais s'attraper: (vous en avez vu l'effet chez vous.)

455. Je vous obferverai, Monfieur, qu'il faut avoir l'attention de frotter de favon, les roulettes

& le bord de la table; de mettre un peu d'huile aux plaques des moyeux, ainsi qu'aux endroits des essieux & pivots où elles portent, & d'en user de même pour ce dernier article à toutes pieces mobiles à plaques; & que celles qui n'en ont pas, comme vous en verrez plus loin, doivent avoir leurs essieux frottés de savon. Ces petits soins leur donnent plus de facilité à tourner rondement.

Le Comte. Les pieces dont vous venez, Monsieur, de m'enseigner la construction, ne sont vraisemblablement pas les seules que vous vous êtes proposé de me donner; car outre celle dont vous me rappellez l'effet, il y en avoit encore une mobile à votre feu d'artifice que je serois bien jaloux de connoître.

L'Amateur. Si nous nous en tenions, Monsieur, à ces pieces qui ne different entr'elles que par le nombre de roues qui les rendent plus ou moins abondantes en feu, nos connoissances seroient assez bornées; mais comme il en est encore d'autres dans l'espece des soleils tournans susceptibles de variations, ainsi que je vous l'ai d'abord annoncé : nous allons en faire une qui nous conduira à celle que vous demandez, mais dont nous ne parlerons qu'à l'article des girandoles.

456. C'est un soleil tournant à *six reprises*,

dont l'effieu eft fixé au centre d'un *tambour* un peu profond, & qui joue alternativement dehors & dedans, en formant un contrafté furprenant par fes coups de. feu oppofés, mais de figures différentes, quant à ceux du dedans.

457. Ce tambour de deux pieds & demi de diametre dans œuvre, fe fait avec deux *cerces* à tamis, chacune de quatre pouces & demi de largeur, & clouées bord à bord fur une autre cerce de deux pouces de hauteur.

On le monte fur une *croix* de bois dur percée au milieu d'un trou de trois lignes, & dont les branches de quinze lignes de largeur, fur neuf d'épaiffeur, doivent avoir de longueur, fon diametre intérieur, à l'exception d'une feule que l'on tient d'un pied plus longue, pour lui fervir de pied, lequel fe perce de deux trous par tiers de fa longueur, hors du tambour.

On encaftre cette croix dans une entaille faite à trois pouces de profondeur de l'un des bords, où on la retient avec des clous d'épingle piqués de côté, dans un *taffeau* auffi entaillé, attaché dans la cerce du côté du trou pour le recouvrir; & on en arrête les trois autres bouts avec des clous à têtes, en dehors du tambour qui doit en outre porter fur le devant une cerce *mobile* d'un pouce & demi de hauteur, fur trois à quatre lignes de plus de diametre que fon épaiffeur extérieure, pour l'usage que je dirai en son tems.

458. On donne à l'essieu de fer de dix pouces un quart de longueur, environ trois lignes de diametre, & on pratique à la distance de quinze lignes de l'un de ses bouts à vis en fer, une *embasse* de même épaisseur, mais d'un pouce de largeur, sur quatre lignes de hauteur. *Pl.* 5, *fig.* E.

459. L'affût du soleil est un *tuyau* de bois léger, de huit pouces de longueur, percé de part en part, d'un trou de cinq lignes, & qui porte un moyeu à chaque extrémité : on le fait de quatre épaisseurs différentes.

La premiere (c'est le derriere de la piece) doit avoir deux pouces un quart de diametre, sur un pouce & demi de longueur, & être taillée par le bout d'une *feuillure* de vingt-une lignes de diametre, sur six de largeur. On y grave à six lignes du centre, une rainure circulaire de deux lignes & demie en quarré, & on perce la partie restante à un pouce de longueur, de trois trous de six lignes d'ouverture, par tiers de sa circonférence, pour recevoir des rais, comme ceux du petit soleil tournant.

La seconde d'un pouce de diametre, sur trois pouces & demi de longueur, se dégrossit un peu en mourant, depuis le moyeu, jusqu'à cette épaisseur.

La troisieme de deux pouces de diametre, sur

six lignes de longueur, se coupe quarrée par devant à un demi-pouce de hauteur circulaire, & se diminue aussi en mourant par derriere, jusqu'à la partie du tuyau.

· Enfin la derniere de deux pouces & demi de longueur, se fait de deux grosseurs inégales : la premiere qui est le devant de la piece, & le second moyeu, doit avoir vingt-une lignes de diametre, sur quinze de longueur, & porter à neuf lignes du bout arrondi en mourant, jusqu'à six lignes du centre, trois rais semblables aux précédens, mais opposés, c'est-à-dire, qui ne soient pas les uns devant les autres ; & la seconde aussi de quinze lignes de longueur, dont trois en mourant pour le dégrossissement du derriere du moyeu, se met à un pouce de diametre.

Ce tuyau ainsi fait, on pratique sur le derriere de son gros moyeu, par moitié de sa longueur, & entre deux trous, une *mortaise* de trois lignes de largeur ; & on la creuse de la profondeur de la rainure. On perce celle-ci à la même ouverture, pour y aboutir, & on colle les rais sur les moyeux.

Le Comte. Comment les jets se communiquent-ils donc, Monsieur, de l'un à l'autre, pour pouvoir en former un soleil alternatif du dehors en dedans du tambour ? Outre cette variation, ce soleil a sans doute encore quelques accessoires qui en font la surprise ?

L'Amateur. Pour employer cette piece, on a, Monsieur, un rond de carton de dix pouces de diametre, ouvert au centre tailladé en pointes, de la grosseur du tuyau. On le fend jusqu'à l'ouverture, pour le passer & le nouer sur le cylindre, en le collant sur la partie plate des entre-moyeux, & on couvre ses ligature & scissure avec deux bandes de papier blanc collé.

460. On attache les jets sur les rais, pour tourner tout du même côté, & on les communique ensemble; savoir, la *tête* du premier de devant, avec la *gorge* du second de derriere qui suit la mortaise; la tête de celui-ci avec la gorge du second de devant, & ainsi pour les autres; mais avec cette attention, de bien couvrir de papier collé, la communication & la tête du troisieme jet de devant, qui devient le cinquieme. (*Pl.* 5, *fig.* F.) Pour plus de facilité à communiquer ces jets de l'un à l'autre, on fait une entaille à la rotule de carton, afin d'y loger chaque porte-feu.

461. On monte l'essieu dans la partie la plus profonde du tambour, en le retenant ferme par derriere avec un écrou plat, & on y enfile le soleil par le gros bout, en l'arrêtant aussi avec un écrou, à une ligne de jeu.

Et comme cette piece en restant ainsi, produiroit peu d'effet, on couvre le tambour d'un

couvercle de carton *découpé*, fait de la manière
suivante. (C'eſt lui, qui joint à l'alternatif du feu
du ſoleil, en augmente encore la ſurpriſe.)

. 462. On colle pluſieurs feuilles de papier gris
bout à bout l'une ſur l'autre, pour en former
une ſeule de trente-trois pouces & demi en
quarré. On la double cinq fois avec du même
papier, & on la met en preſſe entre deux tables.

Quand ce carton eſt ſec, on y trace *trois* cercles à partir du centre : le premier de ſeize pouces
un quart ; le ſecond de quinze un quart, & le
dernier de cinq pouces d'ouverture de compas.
On abat l'excédent du grand cercle, & on diviſe ce dernier en quatre parties égales, en y
traçant deux lignes en croix de ſon diamètre ;
après quoi on le *dentele* tout autour, juſqu'au
cercle ſuivant, pour en former un *rebord* d'un
pouce.

Ce couvercle ainſi diſpoſé, ſe *découpe* juſqu'au
petit cercle ſeulement de la figure d'une *roſe*,
d'un *œillet* ou autre fleur épanoüie, ou d'un certain nombre de *bouquets* détachés, ou enfin de tel
deſſin que l'on juge à propos, & ſe peint avec des
couleurs en détrempe.

Lorſque je dis *découper*, j'entends parler de
l'extrémité des feuilles, en ſuivant le deſſin,
parce qu'il ne faut pas mettre ce panneau tout à

fait à jour ; la découpure ne diroit rien, fi le feu
roulant par derriere paroiffoit trop.

Pour former le rebord de ce panneau, comme
celui du couvercle d'une tabatiere, on monte
fur le tambour un *cercle* de carton mince, d'un
pouce de hauteur, & on l'y retient avec quelques clous d'épingle à volonté. On y viffe l'effieu,
& on pofe le couvercle fur le tambour, après
l'avoir percé au centre d'un trou jufte à la broche. On en rabat les *dents* par deffus, en les collant toutes fur le cercle, & on les y arrête avec
des clous d'épingle auffi à volonté ; mais en les
ajuftant, on doit avoir l'attention de ne pas les
faire recouvrir les unes fur les autres, pour
moins d'épaiffeur.

463. Lorfqu'elles font féches, on ôte les clous,
on enleve le couvercle, & on abat le cercle du
centre, pour faire place à la rotule du foleil,
qui, monté fur le tambour, comme je l'ai précédemment dit, fe garnit avec la découpure que
l'on retient avec la cerce mobile dont nous avons
parlé, en collant fur le derriere de celle-ci, une
bande de papier gris, débordant fur le tambour.

464. La piece dans cet état, fe pofe fur le
bout d'un poteau fixé en terre, & s'y arrête par
le pied, avec deux clous à vis en bois. Le feu y
étant mis, fon effet, ainfi que je l'ai défini plus
haut, eft celui d'un foleil tournant d'abord au

devant du tambour , & qui, enfuite difparoiſ-
fant , ſe porte au dedans pour éclairer la découpure ; repaſſe au dehors , de là en dedans , &c.
(*Pl.* 5 , *fig.* G , eſt celle du tambour couvert
d'une découpure.)

Le Comte. Ne pourroit-on pas, Monſieur , avec
ce tambour, faire encore quelqu'autre piece d'un
genre différent ?

L'Amateur. On l'emploie encore très-avanta-
geuſement, Monſieur , à l'exécution d'une piece
compoſée d'une découpure *tranſparente* , bordée
d'une illumination de lances à *batteries* , derriere
laquelle joue un ſoleil tournant à deux repriſes.
Cette piece eſt d'autant plus amuſante , qu'elle
eſt plus ſuſceptible de changement dans une de
ſes parties , ainſi que vous allez le voir par ſa
conſtruction.

465. Après avoir fait un couvercle de carton,
comme le précédent , & marqué ſon rebord d'un
pouce, on y deſſine un *cartouche* de goût , proportionné à ſon diametre , en réſervant tout autour aſſez de place , pour y découper des *guirlandes* de fleur , ou autres ornemens de *ſupports* ;
& en laiſſant encore au-delà une certaine largeur
de carton, pour le ſoutient de la piece.

On vuide l'intérieur du cartouche, en le coupant de toute ſa grandeur ; & on ajuſte ſur ſon
bord reſtant, ſans les faire excéder, pluſieurs *chaſ*

fis de fer blanc, de quatre à cinq lignes de largeur, fuivant la découpure du carton fur lequel on les attache par des petits trous faits alentour.

Je dis *plufieurs* chaffis, parce que le *tableau* qui remplace le vuide du cartouche, doit fe changer pour être analogue à telle ou telle fête que l'on fe propofe de donner ; par ce moyen, il ne faut qu'un feul panneau, commun avec les différens tableaux que l'on a.

On met en *bleu* de détrempe le *fond* de ce panneau, & on y colle par derriere fur les découpures du papier de *foie*, ou pour le mieux, du mince *tafetas* de *Florence* : on en couvre auffi les chaffis d'un côté, avec une feule piece, & après avoir mis le tout au vernis qu'on laiffe fécher, on peint les découpures avec des couleurs fines *tranfparentes*, convenables au deffin. (Elles doivent être broyées à la térébenthine & au vernis, & employées très-claires, de façon cependant à faire leur effet.)

Les tableaux fe mettent auffi d'un fond *bleu*, mais *tranfparent*, & fe peignent en *coloris* de quelques fujets gracieux, comme *devifes*, *emblêmes*, *chifres*, *armoiries*, &c. en y ajoutant de plus dans une *banderole* tracée fur le fond, une courte *légende* expreffive, fi la figure le demande.

La peinture étant féche, on monte le panneau fur le tambour, & on l'y retient avec des clous d'épingle, piqués debout dans l'épaisseur de la cerce. On forme son rebord, ainsi qu'il a été dit, & on l'ôte pour garnir la croix du tambour, d'une illumination de seize lances, servant à éclairer le transparent.

466. Elles s'attachent à deux pouces de distance l'une de l'autre, à partir d'un pouce & demi du centre de chaque branche où on en met quatre, & on les communique toutes ensemble, en prolongeant le porte-feu de celle du dessus, d'un pouce & demi au-delà du tambour que l'on perce à cette hauteur d'un trou un peu en pente sur le devant & assez grand pour y passer encore un second porte-feu. (*Pl.* 5 , *fig.* G , *t* , est celle de ce trou.)

Mais si le feu des lances ainsi arrangées , s'apperçoit trop derriere le transparent (on en fait l'épreuve), il faut les distribuer sur un chassis particulier, de maniere à ce qu'elles ne soient pas vis-à-vis les découpures , le chassis attaché sur la croix du tambour.

467. Le cercle mobile qui doit retenir le panneau, se divise en *douze* parties égales que l'on trace à la pointe, & se perce par moitié de sa hauteur , à la distance de trois lignes de chaque côté des divisions, d'un trou à passer du petit fil de fer. On partage par *quart* d'un point à l'autre, chacune des divisions interposées, & on les

marque de même, mais fans y faire de trous ;
ce qui donne au total, *quarante - huit* lignes autour du cercle, prêtes à recevoir autant de
lances.

468. Celles qui s'attachent avec du fil de fer,
fe font de quatre pouces de longueur, avec des
cartouches de jet de fix lignes, & fe chargent
de l'une des compofitions d'étoiles, jufqu'à un
pouce près du bout : on le couvre d'un tampon
de papier, à l'exception d'une feule, & on les
perce de côté avec l'emporte-piece, un peu au-
deffus de l'étranglement, de trois trous également compaffés, pour en former des lances à
étoiles. On les amorce par le bout, après l'avoir
un peu percé, afin d'y introduire l'étoupille, &
on leur met une chemife, dont l'un des gobelets
fert à les fermer par le pied, à celle non tam-
ponnée près.

469. On les attache fur le cercle, leur bout
fermé à fleur du bord, & on colle fur chacune
des autres divifions, un petard de lances que l'on
retient avec deux bandes de papier. Lorfque le
tout eft fec, on ajufte, comme il a été dit page
201, autant de lances fur ces pieds, & on les
communique toutes enfemble, en perçant le gobelet des groffes, pour y loger le bout des portes-feux. On noue tous les gobelets, en mettant
dans l'un d'eux un cartouche étoupillé, pour

donner feu à la pièce , (il doit être oppofé à la lance dont on a laiffé la compofition à découvert) , & on couvre toutes les jointures de papier collé.

470. Le tableau fe met par derriere le tranf-parent , & s'y retient avec du fil paffé dans les trous. On peut même , fi la bordure le permet, l'arrêter encore avec du papier collé, mais de façon qu'il ne couvre pas les découpures.

471. Le panneau ainfi garni, on le pofe fur le devant du tambour , & par deffus , le cercle de lances , en obfervant de mettre celle réfervée ouverte, vis-à-vis le porte-feu de l'illumination intérieure , faillant au dehors ; après quoi on y colle une bande de papier gris tout autour , fans en couvrir la lance de communication.

472. On viffe l'effieu par derriere le tam-bour , & on y enfile un cartouche de huit pouces un quart de longueur , pour fervir de *noyau* à un foleil tournant, compofé de deux jets, chargés en feu commun (ils ne doivent pas plus durer que les lances du dedans, pour finir enfemble), & montés fur un petit *portant* ou moyeu de bois dur, fait ainfi.

473. On lui donne deux pouces & demi de longueur , fur dix lignes de diametre , & on forme fes bouts à cannelures & boutons , comme ceux des rais des moyeux. On réduit le refte à huit

huit lignes de diametre, & on le perce au milieu
d'un trou de trois lignes, en travers des entailles.
(*Pl.* 5, *fig.* H , *m* , eſt celle de ce portant garni de
ſes jets.)

474. Le ſoleil étant monté ſur l'eſſieu, on
attache dans le gobelet du premier jet, un porte-
feu de longueur à atteindre à la groſſe lance,
en le paſſant dans le trou du tambour ; & on le
renferme dans celle-ci avec celui laiſſé de bout.

Cette piece qui commence par une illumination extérieure très-brillante, & dont les petites
lances finiſſent par une *eſcopéterie* , produit un
effet ſurprenant par le contraſte de ſon feu, qui,
diſparoiſſant au dehors, éclaire auſſi-tôt le tranſ-
parent, tandis que le ſoleil par derriere, accompagne & ſemble border le tableau, d'une roue de
feu mouvant. (*Pl.* 5 , *fig.* I, eſt le dernier coup
de feu de cette piece, vue avec ſa découpure
tranſparente.)

Le Comte. Comme vous avez remis, Monſieur,
à l'article des girandoles, l'exécution de la piece
dont j'ai entendu vous parler, enſuite des roues
de table, je n'ai plus qu'à vous demander ici
comment ſe font les ſoleils fixes?

475. *L'Amateur.* La maniere de faire les ſoleils
fixes conſiſte, Monſieur, à diſtribuer en forme de
rayons autour d'un moyeu, une *douzaine* de jets
brillans ou chinois, (on les charge quelquefois

Q

par moitié, avec chacun de ces feux, en commençant par le dernier), & à les communiquer enfemble, pour qu'ils partent tous à la fois.

476. Ce moyeu, de trois pouces & demi de longueur, fe fait de deux groffeurs inégales. La premiere de trois pouces de diametre, fur moitié de longueur, fe diminue par le bout un peu en mourant, jufqu'à un pouce du centre, & fe perce de *douze* trous égaux, pour recevoir des rais à cannelures, faits comme ceux à tourhiquets des courantins, décrits page 163 (leurs canelures doivent regarder le derriere du moyeu) ; & la feconde de deux pouces de diametre & de longueur, fe *tarode* pour être viffée dans un écrou de bois, de cinq pouces de longueur, dont les bouts fe dégroffiffent & fe percent au milieu, afin d'y paffer des clous à vis en bois. *Pl.* 5 ; *fig.* K, & *fig.* L, *c.*

477. Et comme ce foleil feroit trop vuide de feu au centre, on monte au milieu du moyeu, un effieu de fer (*fig.* K, *a*) propre à porter un foleil tournant à *trois* reprifes ; la premiere en feu commun, la feconde en feu d'or, & la derniere de la même compofition que les jets fixes ; mais ces trois reprifes doivent être d'affez courte durée pour finir avec eux.

478. On attache les douze jets fur les rais, & on les communique enfemble, en renfermant

dans leurs gobelets de deux en deux, & en laiſſant vuide celui du deſſous, *deux* portes-feux
de longueur à aboutir un peu cintrés, aux jets
de chaque côté. On ajoute à celui du bas avec
les deux autres, un troiſieme porte-feu, pour le
communiquer au premier jet du ſoleil tournant,
& on met dans ce dernier un ſecond cartouche
étoupillé, qui doit donner feu à toute la piece
que l'on monte dans ſon écrou, ſur un poteau
ſcellé en terre. *Pl.* 5, *fig.* L.

Le Comte. Et pour faire ſuccéder le ſoleil fixe
au tournant, quelle eſt donc, Monſieur, la maniere de les communiquer de l'un à l'autre 🞖

L'Amateur. Lorſqu'un ſoleil tournant doit,
Monſieur, en finiſſant, porter le feu à un ſoleil
fixe; celui-ci précéder une autre piece, & celle-
là être ſuivie d'une quatrieme, &c. les communications ſe font alors dans l'intérieur des
moyeux, par des rainures, comme celle pratiquée à celui du tambour; mais il n'eſt pas encore
tems de parler de cette ſorte d'arrangement,
dont (je ſuis charmé de vous l'apprendre) les
Amateurs de la Pyrothecnie ſont redevables aux
ſieurs *Ruggiery*, célebres Artificiers Italiens,
que j'ai connus à Paris dans un tems, où, ſi j'avois
prévu devoir un jour m'amuſer des artifices, je
les aurois prié de me communiquer un peu de
leurs talens; ce qu'ils ne m'auroient complai-
ſamment pas refuſé. Q ij

Nous leur aurions encore plus d'obligations, s'ils nous avoient enrichis d'un traité fur cet art, parce que nous y aurions trouvé des pieces de la plus ingénieufe invention.

DIALOGUE HUITIEME.

Des Girandoles.

479. LE COMTE. Nous allons vraifemblablement, Monfieur, avant de faire des girandoles, commencer par la piece dont vous avez jugé à propos de retarder l'exécution ?

480. L'Amateur. Si au lieu du tambour & de la découpure à jour, dont nous avons fait ufage, on emploie, Monfieur, un *panneau* de menuiferie, formant une *étoile* à fix *pointes*, garnie d'un *rebord* un peu haut, le même foleil tournant, (il ne doit pas alors porter de rotule de carton,) étant monté au centre, fon feu paffant dedans, en remplira tout le vuide, & fucceffivement reviendra au dehors, &c, jufqu'à ce que vers fa fin intérieure, il mette le feu à fix *girandoles* qui l'accompagnent au dehors : (c'eft la piece que vous demandez.)

481. Ce panneau en bois de chêne, de neuf lignes d'épaiffeur, fe fait de quatre pieds & demi de longueur de l'extrémité d'une pointe à l'autre, dont vingt pouces pour la longueur de chacune

d'elles, fur neuf d'ouverture à leur bafe.

On y trace un cercle à un pouce de diftance du centre, & on pratique à fix lignes de ce même centre, une rainure circulaire de deux lignes & demie de profondeur & largeur. On en fait une pareille, mais droite, à partir du fond de celle-là, au milieu de chaque *feuillet* du panneau, & on la prolonge d'un pied & demi, jufqu'à leur rive droite ou gauche.

Après avoir divifé l'étoile en deux parties égales, on la perce de trois trous fur cette ligne ; les deux premiers à un pied de diftance de chaque côté du milieu, & le dernier au centre, pour recevoir l'effieu du moyeu : on la garnit d'un *rebord* de planches de fept pouces moins un quart de largeur, fur trois à quatre lignes d'épaiffeur, en les clouant à fleur du deffous, & on les perce vis-à-vis des rainures, d'un trou de même ouverture. *Pl.* 5, *fig.* M, *a*.

On a fix *tringles* de bois de noyer, de huit pouces de longueur, fur un pouce en quarré, dont l'un des bouts doit porter un *écrou* de fix lignes de diametre, & l'autre être diminué de moitié d'épaiffeur, à la longueur de quatre pouces. On les coupe fuivant l'angle de la bafe des pointes du panneau, en les faifant porter fur fon rebord, & on les y attache par derriere, après avoir un peu abattu leurs arrêtes, *fig. b.*

Q iij

Le Comte. Quelle est donc, Monfieur, la conftruction des rais qui doivent fe viffer dans ces
fortes d'écrous, pour porter les girandoles?

482. *L'Amateur.* Ces rais auffi de bois de noyer,
& de dix-fept pouces un quart de longueur, fur
huit lignes de diametre, fe font, Monfieur, de
quatre lignes de groffeur, à la longueur d'un
pouce un quart de leur bout, pour en former des
effieux propres à recevoir des portans, comme
celui que nous avons mis derriere le tranfparent,
mais dont l'un des boutons doit avoir fa cannelure en *diagonale.* (On les y retient avec un petit
écrou en bois: *fig. c, d.*)

483. Le foleil tournant étant monté tel qu'il a
été dit page 233, on ajoute encore à la gorge de
fon dernier jet, un porte-feu dont le bout fe
met dans la mortaife du moyeu, en paffant
l'étoupille par le trou de la rainure que l'on en
remplit, & où on la retient avec de l'amorce,
fans la couvrir de papier. (*Pl.* 5, *fig.* F, *a,* eft ce
conduit ponctué.)

Et pour garantir cette communication intérieure
des étincelles du feu, on encaftre le moyeu avec un
tant foit peu de force, dans une *virole* de fer blanc,
de vingt deux lignes de hauteur, en l'entaillant
de la groffeur des rais & du porte-feu, fans gê-
ner ce dernier dont on couvre la mortaife, avec
cinq à fix morceaux de papier brouillard collé;

enforte que dans cet état, la virole ne doit excéder que de quatre lignes le bout du moyeu,
l'épaiffeur de fa plaque non comprife.

Le Comte. Et les girandoles qui doivent, Monfieur, accompagner ce foleil, en quoi confiftent-
elles donc ?

L'Amateur. Avant de paffer, Monfieur, à l'arrangement des girandoles, il eft bon de vous
définir leur effet, pour vous en donner une premiere idée.

484. On appelle *girandole*, tout foleil qui
tourne dans un plan *horifontal*, & dont les jets,
fuivant la direction qu'on leur donne fur la machine, jettent le feu tantôt parallele à l'horifon,
tantôt vers la terre, tantôt en deffus, & toujours
à la derniere reprife de toutes ces manieres à la
fois; ce qui les fait auffi nommer *caprices*, ou,
fi l'on veut, *arrofoirs* de feu fur tous fens.

485. Les jets qui compofent les girandoles de
notre étoile, fe chargent en feu commun; & la
durée des douze enfemble, fe proportionne,
comme s'il n'y en avoit qu'une feule, avec celle
du dernier jet du foleil, pour qu'ils finiffent tous
en même tems.

486. On viffe les rais dans les écrous du panneau, & on les numérote ainfi que ces derniers,
en obfervant de mettre la cannelure diagonale
du premier portant, de *droite* à *gauche* 1; celle

Q iv

du fecond de *gauche* à *droite* 2, & ainſi des autres.

487. On y attache les jets de façon que les gorges de ceux poſés en diagonale ſoient toutes en *deſſous* ou en *deſſus*, ſuivant l'effet que l'on veut leur faire produire, & on les communique enſemble d'une gorge à l'autre, en ajoutant de plus dans un des gobelets, un ſecond porte-feu pour atteindre au trou extérieur de l'étoile.

Ces girandoles peuvent ſe terminer par un petit marron que l'on ajuſte à la tête du jet couché en travers, avant de l'attacher ſur le moyeu, afin de l'y prendre par moitié de ſa longueur.

488. On démonte les rais, & après avoir garni toutes les rainures du panneau, avec des étoupilles que l'on colle enſemble ſur la circulaire avec de la pâte d'amorce, on y viſſe l'eſſieu bien ferme.

On a une ſeconde virole de fer-blanc, de deux pouces de diametre hors œuvre, ſur dix lignes de hauteur, en ſus de trois tenons de neuf lignes de longueur, ſur ſix de largeur, diſtribués par *tiers* de ſa circonférence, & renverſés *quarrément* en dehors : on les perce d'un petit trou au milieu, & on attache cet anneau ſur le cercle tracé au centre de l'étoile, avec des petits clous à vis en bois, en poſant ſes tenons entre les rainures étoupillées.

On couvre les rainures, à l'exception de la circulaire & de ſes alentours, de pluſieurs bandes de papier blanc collé, que l'on prolonge un peu fur le rebord du panneau, & on en enveloppe auffi le pied de la virole, en rabattant une partie du papier fur le bois. On met par deffus ces bandes, du papier brouillard que l'on colle encore après l'avoir pofé, & on laiffe fécher le tout.

489. Pour tirer cette piece, on attache avec des clous à vis en bois, têtes un peu larges, fur une forte perche de fapin de douze pieds, que l'on a auparavant applani par le petit bout, à quatre pieds de longueur, & à deux pieds duquel on a fait un petit trou, pour loger l'excédent de l'effieu avec fon écrou.

490. On y monte les girandoles fuivant leur établiffement, & on met les bouts d'étoupilles des portes-feux, un peu avant dans les trous des rainures : on les y fixe pour plus de fûreté, en attachant leurs cartouches avec un bout de fil, fur un clou d'épingle piqué à côté ; & on couvre les ligatures & les trous de papier collé. Lorfqu'il eft fec, on enfile le foleil dans l'effieu, & on dreffe la perche en terre, en l'y fcellant de quinze à dix-huit pouces de profondeur.

Le Comte. Cette piece dont l'effet n'eft pas moins furprenant que celui de la découpure à jour, ne feroit-elle pas encore, Monfieur, fufceptible de variation ; car vous me gardez toujours quelque chofe de mieux pour la fin ?

L'Amateur. Puifque mes détails ne vous en-
nuient pas, je vais encore vous donner, Monfieur, une autre maniere d'exécuter cette piece.

491. C'eft de faire commencer par une illumination compofée de *douze* lances à *étoiles*, & de
foixante ordinaires, de trois pouces de longueur;
de renfermer le foleil dans le panneau, & de
communiquer féparément les jets des girandoles,
dont ceux en contre-bas doivent, en finiffant,
porter le feu aux autres (voyez *pl.* 5, *fig.* M, e,
pour ces dernieres communications); ce qui
forme alors *deux* reprifes qui ne doivent pas plus
durer que la cinquieme & fixieme du foleil.

492. Les groffes lances qui fe font comme
celles du tranfparent, s'attachent avec du fil de
fer à un pouce de longueur, fur les pointes &
bafes des feuilles de l'étoile, en mettant dans un
de fes angles, celle qu'on a dû laiffer ouverte &
fans tampon, pour y renfermer le porte-feu du
premier jet du foleil, en le paffant par un trou
fait un peu au-delà de cette lance.

Les petites lances fe pofent par *cinq* à égale
diftance entre les premieres, fur l'épaiffeur du
rebord, & s'y retiennent avec des clous d'épingle;
après quoi on les communique toutes enfemble,
en ajoutant de plus à la groffe du bas, un cartouche étoupillé fervant à mettre le feu à la piece.

493. Pour varier la couleur du feu du foleil,
on charge le premier jet en *brillant*, le fecond
en *or*, le troifieme en *chinois*, le quatrieme en
brillant, le cinquieme en *chinois*, & le dernier
en *brillant* ; & on les monte dans cet ordre à
double rang, pour tourner du même côté, fur
un moyeu pareil à celui à rainure, le furplus
du tuyau non compris. Il doit feulement avoir
fix lignes de plus de longueur, & être arrondi
en mourant, jufqu'à un demi-pouce de fon centre ; ce qui le fait de deux pouces de longueur.

494. On les communique de l'un à l'autre,
avec cette attention, de garnir la rainure du
moyeu, d'une étoupille paffée par fon trou, &
prolongée, dans un cartouche jufqu'à la gorge
du *cinquieme* jet, où on le prend avec celui de la
tête du quatrieme, pour que les premiers jets
des girandoles partent avec.

On viffe dans le panneau, un petit effieu de
fer de deux pouces & demi de longueur, en fus
de fon embaffe de quatre lignes; & on y enfile
le foleil garni de fa virole: on communique fon
premier jet avec la lance reftée ouverte, & on
monte les girandoles.

Le Comte. Je connois bien déjà, Monfieur,
une forte de girandoles; mais comme elles ne
peüvent s'employer feules, & qu'elles ne produifent pas tout l'effet que vous m'avez d'abord

annoncé, voyons, s'il vous plaît, comment se
font celles de cette efpece ?

495. *L'Amateur.* Les girandoles qui forment
feules une piece d'artifice, & que l'on appelle à
pivots, parce qu'on les pofe fur une *broche* de fer
pointue, fe garniffent, Monfieur, avec des jets
brillans, que l'on arrange les uns au-deffus des
autres, fur un *tuyau* de bois léger, dont la longueur fe proportionne à la quantité des fufées
que l'on veut y monter, fans cependant le trop
charger ; car quoique les jets de quatre lignes
puiffent le faire tourner très-rapidement, s'il en
portoit un grand nombre, le frottement fur le
pivot, nuiroit à fon mouvement, à moins de
donner le feu à plufieurs à la fois, ce qui demande
alors une diftribution dont je ne vous parlerai
pas, parce qu'elle furpaffe les bornes que je me
fuis prefcrites.

496. La machine pour les plus petites girandoles, fe fait de fix pouces de longueur, & fe perce
de part en part d'un trou de quatre lignes : on y
pratique à chaque bout, un moyeu de deux
pouces de diametre, fur moitié de hauteur, &
on réduit le refte en mourant, à un pouce de
groffeur.

On perce ces moyeux de *trois* trous de quatre
lignes, également compaffés, en les oppofant
les uns aux autres, & on couvre un des moyeux,

avec une plaque de fer d'un pouce de diametre, portant au centre une petite *crapaudine*, pour pofer fur la pointe du pivot. On l'arrête avec des pointes, & on pique à fon bord, entre deux des trous du moyeu, un clou plat & fans tête, de trois pouces de faillie.

Comme de la direction du feu des jets, dépend l'effet de la girandole, les rais pour les porter & qui ne different de ceux du petit foleil tournant, que par leurs cannelures qui doivent être un peu plus en *pente* d'un côté que de l'autre, à l'exception d'une feule faite à l'ordinaire, exigent une attention particuliere, pour les coller fur les moyeux.

497. Le premier rai (il faut les numéroter à mefure qu'on les pofe) fe met à la *gauche* du clou, en *diagonale* de *droite* à *gauche*, en obfervant de tourner le *talus* de fa cannelure de ce dernier côté, ainfi que celui des trois fuivans.

Le fecond fe colle dans le trou d'en bas, auffi à gauche & en *diagonale*, mais de *gauche* à *droite*. Il doit avoir en travers par deffus, & entre fon bouton & le moyeu, une petite *entaille* cintrée, pour recevoir un jet, & être marqué 3 fur le moyeu.

Le troifieme (on le numérote 4) fe met en haut, comme le premier à gauche.

Le quatrieme fe colle en bas, de même que le fecond.

Le cinquieme se met en haut, mais son entaille droite & suivant le contour du moyeu,
c'est-à-dire, telle qu'à un soleil tournant.

Enfin le dernier rai se colle de façon que sa
cannelure regarde droit le tuyau, son chamfrain
en *dedans*.

La maniere de poser les jets sur la machine,
& de les communiquer, demande aussi des soins,
pour bien réussir dans cette girandole qui ne
laisse pas d'être amusante, quoiqu'elle ne soit
composée que de huit jets, formant *cinq* reprises
& montés ainsi.

498. On en attache quatre en haut ; savoir,
deux la gorge en *dessus*, un la gorge à *droite*, &
le quatrieme qui doit porter un petit marron à
sa tête, se pose *droit* sur la plaque, & s'arrête
au clou qui lui sert de portant.

Les quatre du bas s'attachent, le premier avec
du fil de fer passé en croix sur l'entaille du rai,
sa gorge à *droite*, pour jetter le feu parallele à
l'horison, comme celui du haut posé de même ;
& les trois autres se mettent la gorge en *dessous*.

499. On les communique de l'un à l'autre, en
suivant le numéro des rais ; savoir, le premier
jet avec le second ; celui-ci avec le troisieme, celui-là avec les deux quatriemes, & le quatrieme
du *bas* avec les *trois* derniers ensemble, en y
renfermant *deux* portes-feux, l'un pour atteindre

au fixieme jet du *bas*, & l'autre au feptieme du *haut*, dans la gorge duquel on en prend un *fecond* que l'on conduit à l'*aigrette*.

500. Vous concevez aifément, Monfieur, que pour donner feu à la piece, le premier jet doit avoir un porte-feu un peu long, afin de pouvoir le courber, & l'attacher au rai du deffous, pour y atteindre lorfqu'elle eft pofée, ainfi qu'il a été dit, fur un *pivot* de fer pointu, de neuf pouces de longueur, fur trois lignes de diametre à fa bafe, portant à la hauteur d'un pouce & demi du bout à vis en bois, un trou fervant à le viffer fur un poteau. *Pl. 6*, *fig.* A.

Le Comte. Je ne vois pas, Monfieur, que cette girandole qui eft d'ailleurs très-jolie, produife l'effet de celle que vous nous avez donnée : voudriez-vous bien encore m'enfeigner à faire celle-là ?

501. *L'Amateur.* La girandole que vous demandez, Monfieur, exige encore plus d'attention que la précédente, parce qu'elle eft compofée de *quinze* jets formant *fix* reprifes, dont tout le fuccès dépend des communications doubles.

502. Son tuyau d'un pied de longueur, ne differe de l'autre pour le refte, que par un *troifieme* moyèu pratiqué au milieu, & de ce qu'ils font percés chacun de *quatre* trous, ceux des bouts les uns au-deffus des autres, & ceux du centre oppofés à ceux-là.

Des *douze* rais qui garniſſent cette machine, *huit* ſe font à cannelure en *pente*, & de trois pou-ces de longueur.

503. Le premier ſe colle en *diagonale*, de *droite* à *gauche* (ſon chamfrain de ce dernier côté), dans le trou à *droite* du clou piqué ſur le moyeu.

Le ſecond (il devient le *quatrieme*) ſe met de même du côté oppoſé.

Et les troiſieme & quatrieme que l'on marque tous deux 6, ſe collent dans les autres trous de ce moyeu ; mais leurs cannelures doivent être à *plomb* du tuyau, & leurs talus en *deſſous*.

Le cinquieme rai (on le marque 2) ſe met dans le trou du moyeu d'en bas, au-deſſous du premier rai, en tournant ſa cannelure & ſon chamfrain, en diagonale de *gauche* à *droite*.

Le ſixieme que l'on numérote 4, ſe colle de même dans le trou oppoſé.

Et les ſeptieme & huitieme (on les marque 6), ſe mettent dans les autres trous de ce moyeu, comme ceux au-deſſus, mais leurs talus en *dedans*.

Les *quatre* autres rais qui ſe font de cinq pou-ces de longueur, & dont *trois* ſont à cannelures *droites*, & *un* à cannelures en *pente*, ſe poſent de la maniere ſuivante.

Le premier rai à cannelure droite (il devient le troiſieme) ſe colle dans le trou au-deſſous du clou, ſa cannelure en *travers* du tuyau.

Le

Le fecond fe pofe de même dans le trou oppofé, (on le numérote 5).

Le troifieme que l'on marque 6, fe met de
même entre ces deux-là, dans le trou au-deffous
du premier rai.

Et le dernier (on le marque auffi 5) fe colle
en *diagonale* de *gauche* à *droite*, fon chamfrain en
deffus.

504. On monte les jets fur la machine, en attachant ceux du bas, la gorge en *deffous*; ceux
du haut la gorge en *deffus*, & ceux du milieu
par *trois* de fuite, la gorge à *droite*, pour jetter
le feu horifontalement. Le quatrieme, ou pour
mieux dire le *douzieme*, s'attache la gorge en *bas*;
le treizieme en *aigrette* à petard, s'arrête au clou
de la plaque; & les deux derniers fe couchent
fur les rais, n°. 1 & 4, & s'y retiennent par deux
ligatures.

Comme les communications commencent à fe
croifer à la quatrieme reprife, & qu'elles déci-
dent de l'effet de la girandole, ainfi que je vous
en ai prévenu, Monfieur, il faut ici redoubler
de foins, pour me fuivre dans le détail de leur
manipulation.

505. Le premier jet (je pars du premier rai,
& toujours en augmentant) fe communique
avec le fecond; celui-ci avec le troifieme, &
celui-là avec le quatrieme du *bas*: celui-ci fe

R

communique par la *gorge* avec le quatrieme du *haut* ; celui-là par la tête avec les *deux* couchés fur les rais ; & le *fecond* quatrieme du *bas*, avec les deux cinquiemes du *milieu* : le cinquieme horifontal, fe communique avec le *fixieme* horifontal, celui-ci par la *gorge* avec le jet au-*deffous*; & le même cinquieme horifontal, avec le fixieme du *haut*, au - deffus du précédent. Ce même fixieme fe communiqué par la *gorge*, avec l'*aigrette*, & celle - là auffi par la *gorge*, avec le jet de l'autre côté. Enfin celui-ci fe communique par la gorge, avec la tête du cinquieme en *diagonale*; & cette même tête avec le dernier du *bas*.

Ces redites, je l'avoue, ne font rien moins qu'amufantes, mais elles font indifpenfables pour l'intelligence des communications de la piece, dont l'exécution nous dédommagera ce foir, après avoir mis un long porte-feu renverfé dans la gorge du premier jet, & viffé fur un poteau un pivot de fer, comme le précédent, mais de quinze pouces de longueur, pour recevoir la girandole. *Pl. 6, fig. B.*

Le Comte. Si je ne craignois pas, Monfieur ; d'abufer de votre complaifance, je vous demanderois encore, s'il n'y auroit pas des girandoles d'une autre efpece que celles que nous venons de faire; car ces fortes de pieces font fi amufantes, que je voudrois connoître toutes les variations dont elles me paroiffent fufceptibles ?

L'Amateur. Si vous me faites toujours, Monſieur, de nouvelles demandes, loin d'arriver au but, nous n'y parviendrons jamais, parce que j'ai encore d'autres choſes à vous apprendre ; cependant pour vous ſatisfaire, ſous condition que vous n'exigerez plus rien de moi dans ce genre, je vais vous enſeigner la maniere de monter encore trois girandoles bien différentes des premieres, mais dont le détail, ſur-tout des deux dernieres, ſera un peu long.

- 506. La premiere appellée *machine ſpirale*, ou encore mieux *vis ſans fin*, quoique rangée dans la claſſe des artifices d'eau, peut très-bien s'exécuter ſur terre, en viſſant ſon pivot ſur une perche, au lieu de jatte flottante ſur l'eau, dont on ſe ſert pour cette fin.

507. On a deux barres de ſapin, chacune de dix-huit lignes de largeur, ſur huit d'épaiſſeur ; aſſemblées en croix à mi-bois, & cintrées par les bouts à neuf pouces du centre, que l'on perce d'un trou de cinq lignes de diametre. On cloue ſur leur épaiſſeur une *cercè* à tamis d'un pouée de hauteur, & on diviſe ce cercle en huit parties égales, à partir du milieu d'une des branches ; pour y clouer autant de tringles ſervant à former une *pyramide*.

Ces triangles auſſi de ſapin, & de trois pieds moins un pouce de longueur, ſur ſix lignes de largeur & quatre d'épaisseur, se clouent d'un bout sur chacune des divisions du cercle en dedans, & de l'autre sur une espece de noyau, en l'y noyant de son épaisseur, à un pouce de longueur.

On donne à ce noyau de bois blanc, & de trois pouces de hauteur, sur deux de diametre, la forme d'un *cône*, en le faisant pointu en dessus à deux pouces de longueur, comme notre moule à chapiteau & en le coupant quarrément en dessous. On le creuse au centre de ce dernier côté, à un pouce de profondeur, sur cinq lignes d'ouverture, & on garnit ce trou d'une *crapaudine* de *fer*, propre à recevoir la pointe du pivot ; & pour soutenir le milieu des tringles, on y cloue encore en dedans une cerce d'un pouce de largeur.

On couvre cette pyramide du haut en bas, avec une pareille lame que l'on contourne en *spirale* de *gauche* à *droite*, en montant comme un ressort de pendule, tenu déroulé par un bout, & on l'arrête avec des clous d'épingle, sur chacune des tringles.

On divise le grand cercle en six parties égales, à partir d'un peu plus loin que le bout de la spirale sur la droite, & on continue par la gauche, en marquant les trois premieres divisions 1, 2, 3, & les autres aussi de suite 1, 2, 3, & comme les n°. 1 doivent porter des jets en dia-

gonale de *gauche* à *droite*, on les perce fuivant cette direction, de quatre petits trous à pafler du fil de fer.

508. La machine ainfi faite, on pique de deux pouces en deux pouces, en commençant par le fommet, un clou d'épingle au milieu de la fpirale, & on y attache autant de petites lances à petards, que l'on colle & communique enfemble ainfi que je l'ai dit à l'article des illuminations à batteries, en obfervant de laifler le porte-feu de la lance du bas, affez long pour le communiquer avec les jets de la girandole, dont *deux* fe chargent en *brillant*, & *quatre* en feu *aurore*, pour en former *trois* reprifes.

509. Ceux en brillant s'attachent la gorge en *bas* fur les n°. 1, & les autres horifontalement la gorge à *droite*, au milieu de chacune des divifions du cercle: on les communique par trois de fuite de l'un à l'autre, en commençant par celui en contre-bas à droite de la fpirale, & on prend dans fa tête, le porte-feu des lances (elles ne doivent pas plus durer que les deux dernieres reprifes), avec celui qui aboutit à la gorge du fecond jet. On communique enfemble les deux des n°. 1 par la gorge, & on renferme de plus dans une de celles-ci, un cartouche étoupillé pour mettre le feu à la piece, qui, monté fur un pivot de fer comme les précédens, mais de quatre

R iij

lignes de groffeur à la bafe, & de longueur pro‑
portionnée à celle de la pyramide, jette d'abord
le feu en contre-bas, & enfuite horifontalement,
en traçant par fon illumination en fpirale, une
vis fans fin qui fe termine à rien à la pointe. *Pl.*
6, *fig.* C,

Le Comte. Comme vous me trompez toujours,
Monfieur, agréablement, en enchériffant de
piece en piece, je penfe que la feconde giran‑
dole que nous allons faire, ne le cédera pas en
beauté à la précédente,

510, *L'Amateur.* La machine pour porter les
rais de cette girandole que j'appelle *caprice ma‑*
gique, parce qu'elle eft furmontée d'une roue de
table qui joue d'abord avec elle horifontalement,
mais dans un fens contraire, & qui, tombant
enfuite fur la table, y tourne circulairement à
cinq reprifes, en *efpadonnant* & en changeant de
mouvement ; cette machine, dis-je, fe fait avec
un bout de bois de noyer, de fept pouces &
demi de longueur, coupé quarrément à chaque
bout. On le perce d'un trou de quatre lignes,
& on lui donne deux formes inégales. (*Pl.* 6,
fig. D, eft le plan de cette piece dont le point
blanc marque le trou du centre.)

511. L'une qui eft un moyeu *b* de quinze lignes
de hauteur, pratiqué à l'un de fes bouts, doit
avoir trois pouces un quart de diametre ; & être
creufée au centre d'un trou de fept lignes de

profondeur, sur un pouce de diametre: l'autre qui est un cylindre *c*, & qui se fait de six pouces un quart de longueur, sur deux pouces & demi de diametre, se divise haut & bas en six parties égales.

On y trace une ligne d'un point à l'autre, suivant sa hauteur, pour marquer chaque division, & on tire deux autres lignes sur son bout, à partir des quatre points du milieu *d*; après quoi on en trace encore deux autres en travers: la premiere d'un point à l'autre sur un bord *e*, & l'autre à quinze lignes au-dessus de celle-là *f*.

On abat quarrément la partie cintrée, marquée par des points, depuis le bout jusques sur le moyeu; & on vuide bien à plomb le quarré restant, de toute la hauteur du cylindre, pour en former une *rainure* de cette grandeur.

On perce en dehors sur chaque ligne du milieu, & à cinq lignes au-dessus du moyeu, un petit trou *h*, de trois lignes d'ouverture de part en part, & on pratique à neuf lignes du bout du cylindre, derriere sa rainure, deux mortaises à jour d'un pouce de hauteur, sur trois lignes de largeur, en laissant entre les deux, trois lignes de bois de chaque côté du milieu de la piece; ce qui donne six lignes de distance de l'une à l'autre. (*Pl.* 6, *fig.* E, *a*, *b*, est celle de ces mortaises que je n'ai pu marquer sur le plan de

Riv.

la machine, qui demande beaucoup de justesse dans son exécution, sans quoi la girandole ne réussiroit pas.)

On perce le moyeu au-dessous des six lignes de division, d'autant de trous à écrous *i*, d'un pouce de profondeur, sur moitié d'ouverture, & on en fait un pareil à neuf lignes du bout du cylindre, sur la ligne du milieu, de chaque côté de sa rainure, pour recevoir huit rais à boutons de sept pouces moins un quart de longueur ; savoir, quatre à cannelures *droites*, & quatre à cannelures en *pente*: on les monte avant d'y faire les entailles, afin de donner à celles-ci la direction qui convient.

512. Le premier rai se visse dans le trou à *gauche* de la mortaise, & sa cannelure qui se fait *droite*, se met en *diagonale* de *gauche* à *droite*.

Le second que l'on numérote 4, se monte dans le trou opposé; mais sa cannelure *droite* se fait en *diagonale* de *droite* à *gauche*.

Le troisieme qui devient le *second*, se visse dans le trou après la mortaise, & sa cannelure *droite* se met comme la précédente.

Le quatrieme (on le numérote 5) se monte dans le trou opposé, & sa cannelure se fait *droite*, mais en travers du moyeu, pour pousser comme à un soleil tournant.

Le cinquieme se visse dans le trou suivant, &

fa cannelure en *pente*, fe met à plomb du moyeu,
fon chamfrain en *deffus*.

Le fixieme que l'on marque 5, fe monte dans
le trou oppofé, & fa cannelure fe fait comme
la précédente, fon talus auffi en deffus. (Voyez
pl. 6, *fig.* D, pour la pofition de ces fix rais.)

Le feptieme (on le numérote 4) fe met dans le
trou au-deffus de ce cinquieme, & fa cannelure
fe tire comme la fienne, mais fon chamfrain doit
être en *deffous*.

Enfin le dernier rai qui fe marque auffi 4, fe
viffe dans l'autre trou, & fa cannelure fe fait
comme la précédente, fon talus auffi en *deffous*.
(Les tenons de ces deux derniers rais, ne doivent
pas fortir dans la mortaife du cylindre.)

Le Comte. Je conçois parfaitement, Monfieur,
la conftruction de cette machine, mais mon in-
quiétude eft de favoir comment elle fe pofe fur
un pivot ; car je ne vois pas où on peut y attacher la crapraudine, puifque fon cylindre eft
prefque vuidé du haut en bas ?

513. *L'Amateur.* Comme le bout de ce cylindre doit refter à découvert, pour un ufage particulier que vous connoîtrez bientôt, on n'y
met pas, Monfieur, de crapaudine ; mais on y
fupplée par un *tuyau* de fer mince, dont le trou
de deux pouces & demi de profondeur, fe proportionne en diminuant, à la groffeur du pivot de

la roue de table ; dont nous avons déjà fait usage.

On le ferme un peu en *pointe* à l'un des bouts, & on pratique à l'autre deux petits *tenons* oppofés, percés au milieu, pour l'attacher bien droit avec des clous à têtes plates & à vis en bois, fur le trou du moyeu dans la mortaife. Le pivot y étant enfilé, fon embaffe doit excéder le moyeu de *trois* lignes, & celui-ci tourner deffus rondement & librement, fans cependant baloter.

Outre les clous dont les pointes ne doivent pas fortir en deffous, crainte qu'elles ne nuifent au mouvement de la piece, on arrête encore cette forte de crapaudine par deffus, en piquant dans le bois un petit clou plat & fans tête ; parce que tout le poids portant fur ceux d'en bas qui font à bois de bout, le tuyau fe dérangeroit, s'ils venoient à s'enlever.

A cette piece de fer, s'en joignent encore deux autres, dont l'une eft un *reffort* qui fait partie du cylindre, & l'autre une *bafcule* fervant à porter la roue de table au-deffus de ceux-là.

514. Le reffort fe fait avec une *paillette* d'acier de cinq pouces & demi de longueur, fur fix lignes de largeur : on la perce à l'un des bouts de deux petits trous, un peu au-deffus l'un de l'autre, & on l'attache avec des clous d'épingle au milieu de la mortaife du cylindre, le bout

~~~~~on percé à fleur du deffus : dans cet état, elle doit couvrir l'entre-deux des petites mortaifes, & être un peu courbée en dedans, pour mieux faire reffort.

515. La bafcule auffi d'acier, & d'une ligne & demie d'épaiffeur, fur fix pouces de longueur, fe fait de deux formes différentes.

La premiere de deux pouces & demi de longueur, fur fix lignes de largeur, doit porter à chaque bout, deux *tenons* de neuf lignes de hauteur, renverfés quarrément du même côté, & percés au milieu d'un trou de trois lignes de diametre.

Et la feconde de trois pouces & demi de longueur, fur treize lignes de largeur, fe fait de la figure d'une *pincette*, en vuidant le dedans de maniere à en former deux branches à reffort, d'une ligne & demie de largeur ; on y pratique à chaque bout, un tourillon renverfé quarrément en dehors, de quatre lignes de longueur en fus des branches ; & on les paffe en ferrant la pincette dans les petits trous de la mortaife, avec cette attention, de mettre le plat de la piece du côté de la paillette. On la dreffe fur celle-ci, & on l'attache ferme avec un bout de ficelle paffée dans les mortaifes : fi eft elle bien faite, elle ne doit pas excéder le cylindre. *Pl.* 6, *fig.* F.

Le Comte. Et la roue de table à foleil tournant

que doit porter cette bafcule, comment fe fait-
elle, & s'ajufte-t-elle donc, Monfieur, fur cette
forte de pivot, pour pouvoir tourner horifontalement avec le caprice ?

516. *L'Amateur.* Cette roue auffi de bois de
noyer, & de fix pouces de longueur, fe perce
au centre d'un trou de deux pouces & demi de
profondeur, fur quatre lignes d'ouverture, &
fe fait, Monfieur, de quatre groffeurs différentes.

La premiere du côté du trou, doit avoir un
pouce de longueur, fur trois & demi de diametre, & être arrondie en mourant, depuis le
centre du bout, jufqu'à deux lignes près du milieu de fa longueur, pour en former une roulette
convexe.

La feconde d'un pouce & demi de longueur,
fe fait d'un pouce de diametre, & la partie *de*
la roulette en dedans, fe diminue jufqu'à cette
groffeur, comme le dehors ; enforte qu'elle ait
encore dans fa circonférence, quatre lignes de
longueur *plate.*

La troifieme d'un pouce de longueur, fur
deux de diametre, fe perce fur fon milieu de
trois trous de fix lignes, également diftan-
cés, pour y coller des rais à foleil tournant, de
quatre pouces de longueur faillante, & fe dégage par les bouts, en prenant fur les parties
qui la joignent, de quoi l'arrondir en mourant,

Jufqu'à fa longueur qui doit refter à un pouce.

Enfin la quatrieme fe fait de deux pouces & demi de longueur, & de deux groffeurs inégales. L'une à la fuite du moyeu doit avoir un pouce & demi de longueur, fur un pouce de diametre; & l'autre d'un pouce de longueur, fe met à un pouce & demi de diametre. On la coupe quarré-ment par le bout, & on la perce auffi de trois trous oppofés aux précédens, pour recevoir des rais, comme les premieres, mais de deux pouces & demi de longueur; après quoi on y pique à un demi-pouce du centre, un long clou fans tête, fervant de portant à une gerbe d'aigrette.

517. On a une petite broche à effieu de fer, de cinq pouces dix lignes de longueur, dont deux pouces dix lignes fe font de quatre lignes, & le furplus de deux lignes de diametre. On tarode de cinq lignes le plus petit bout, & l'autre fe dimi-nue un peu, pour lui donner de l'entrée dans le trou de la roulette, où on l'enferme à demeure de deux pouces & demi jufte, afin qu'il en refte encore trois pouces quatre lignes en dehors. *Pl.* 6, *fig.* G.

518. On enfile cet effieu dans la bafcule, & on l'y retient avec un petit écrou à une ligne de jet. Il doit alors en portant deffus, l'excéder de quatre lignes, & la piece y tourner rondement.

519. Pour vérifier fi cette machine eft faite dans les proportions décrites, on attache fur un

bout de chevron un peu long & épais (il fert de pied lorfqu'on garnit la piece), une *table* de bois de quinze pouces moins un quart de diametre, en viffant à fon centre le petit pivot dont nous avons parlé, & on la pofe deffus après y avoir monté les rais.

Le moyeu dans cet état, doit avoir trois lignes de jeu fur la table , & le bout de fes rais l'excéder d'un pouce : on le fait tourner à gauche, & la roue à droite, pour voir s'ils vont bien rondement, & on abat la roulette qui doit fe trouver à quelques lignes près du bord de la table. Ses rais doivent auffi furpaffer les autres de beaucoup , afin de ne pas les rencontrer en tournant.

Le Comte. Maintenant que j'entends le jeu de cette machine, voulez-vous bien , Monfieur, paffer à l'arrangement & aux communications des jets qui la compofent ; car je penfe que c'eft tout ce qui me refte à favoir, pour parvenir à fon exécution ?

520. *L'Amateur.* Les feize jets brillans avec lefquels on garnit , Monfieur , cette piece ; pour en former *dix* reprifes, fe montent de la maniere fuivante.

Le premier jet s'attache la gorge en *deffus*; & le fecond la gorge en *deffous* fur le rai oppofé , n°. 4.

Le troifieme fe met, comme le fecond, fur le rai, n°. 2, & le quatrieme de l'autre côté, la gorge à *gauche* pour pouffer droit.

Le cinquieme s'attache la gorge en *bas*, fur le rai fuivant à *droite*, & le fixieme de même fur le rai oppofé.

Le feptieme fe met à l'un des rais de la mortaife, la gorge en *haut*; & le huitieme de même de l'autre côté.

Le neuvieme fe couche près du moyeu, fur les rais, n°. 4 & 5, & en tournant fa gorge à *gauche*, de maniere à lui faire jetter le feu entre les deux jets de ces rais.

521. Quant à ceux de la roue (il faut l'ôter pour la garnir), *trois* s'attachent fur le gros moyeu pour pouffer à *droite*, & *trois* fur le petit en fens contraire.

Enfin, le dernier jet s'attache *droit* fur le bout du moyeu au portant de fer; mais on n'y met pas de marron, crainte qu'il ne brife, en éclatant, les portes-feux. On le met à la *tête* du dernier jet de la roue.

Le Comte. Une chofe à laquelle je ne penfois pas, Monfieur, & qui me revient à l'inftant, c'eft qu'en me définiffant l'effet de ce caprice magique, vous m'avez dit que la roue qui l'accompagne en forme de girandole horifontale, doit enfuite tomber fur la table, pour y faire un autre jeu;

& vous m'avez fait attacher sa bascule sur le cylindre du moyeu ; comment peut-elle donc tomber, puisque pour la tenir de bout, il faut nécessairement l'attacher ?

L'Amateur. La roue doit à la vérité, Monsieur, être attachée sur le cylindre, pour y tourner d'abord horisontalement, ainsi que je vous l'ai annoncé ; mais vous allez bientôt voir comment elle peut tomber sur la table : c'est l'affaire du feu de la détacher, & du ressort à lui faire perdre son équilibre.

522. On arrête autant ferme que l'on peut, la bascule sur le cylindre, avec de la ficelle passée au pied des mortaises, & on l'attache au-dessus de celle-ci, avec cinq ou six tours de *grosse* étoupille que l'on noue & serre bien fort : on ôte la premiere, & on couvre l'autre de pâte d'amorce, de façon à y laisser encore du vuide.

523. On communique les jets de la roue de l'un à l'autre, en commençant par ceux du gros moyeu, & on renferme dans la *tête* du troisieme un porte-feu, que l'on conduit à la gorge du *quatrieme* au-dessus de la sienne, & ainsi des deux autres. On en attache aussi un à l'*aigrette*, pour atteindre au *premier* jet resté ouvert ; mais on ne l'arrête dans la gorge de ce dernier, que quand on pose la piece en place ; après quoi on enfile la roue sur sa bascule, en l'y retenant avec son écrou.

524.

524. Le premier jet de la girandole se communique avec le second; celui-ci avec le troisieme couché près du moyeu, & celui-là avec les *trois* quatriemes, en renfermant dans sa tête trois portes-feux pour y atteindre.

Le quatrieme jet du *bas* se communique avec le cinquieme *horisontal*, & les deux autres quatriemes se communiquent avec ceux du dessous; mais l'un de ces quatriemes doit avoir en *tête* un *second* porte-feu, pour aboutir au premier jet de la roue. (On ne l'attache dans celui-ci que lorsqu'on monte le tout sur le pivot.)

Enfin on renferme dans la *tête* de chacun des deux cinquiemes jets opposés, d'où dépend la *chûte* de la roue sur la table, un porte-feu que l'on conduit dans les mortaises du cylindre, en passant deux ou trois fois le bout d'étoupille à découvert autour de la bascule, sans prendre avec celle-ci l'essieu de la roue.

On y met encore de l'amorce, & pour garantir les étoupilles des étincelles de feu, on couvre les trois mortaises en dehors, & le bout du cylindre, de plusieurs bandes de papier blanc collé que l'on recouvre de papier brouillard, afin de dérober à la connoissance des curieux, le secret de la magie qu'elles renferment.

525. Lorsque le tout est sec, on fait tourner la roue pour voir si l'essieu n'y seroit pas adhé-

S

rent; & la piece ainfi ajuftée, fe pofe fur fon pivot , après avoir communiqué enfemble les portes-feux de l'*aigrette* & du *quatrieme* jet , dans la gorge du premier de la roue , & en avoir mis un autre au premier de la girandole. *Pl. 6 , fig. H.*

Le Comte. Je ne fais pas, Monfieur, fi je me trompe, mais j'ai dans l'idée qu'en décompofant cette piece, on pourroit bien en faire deux particulieres; une roue de table & une girandole.

L'Amateur. Cela eft très-poffible , Monfieur ; mais voyons quelles font vos idées d'arrangement ?

526. *Le Comte.* On peut, je crois, Monfieur, faire commencer la roue de table par les jets de devant ; communiquer le troifieme dans un fens contraire , avec la gorge du quatrieme vis-à-vis de la fienne; celui-ci avec le cinquieme , & mettre deux portes-feux dans la tête de ce dernier, en conduifant l'un au fixieme jet , & l'autre à l'aigrette garnie d'un marron à fon pied, laquelle formera une lance de feu circulaire.

L'Amateur. Voilà qui eft bien , Monfieur, pour une partie ; mais comment comptez-vous faire tenir la roue au pivot , pour qu'elle puiffe tourner autour de la table ; car il feroit ridicule d'employer ici fa bafcule ?

Le Comte. Cette difficulté , Monfieur , que je n'ai pas prévue , me fait appercevoir que m'étant avancé fans trop de réflexion, j'ai befoin de votre fecours, pour avoir les proportions d'un portant fait exprès.

L'Amateur. Je m'attendois bien, Monfieur, que vous n'iriez pas loin fans aide.

527. Cette piece auffi de fer , & de fix pouces & demi de longueur , fur fept lignes de largeur & une d'épaiffeur , fe fait comme la bafcule, avec deux tenons de neuf lignes de hauteur, dont celui du bout fe perce au milieu d'un trou de quatre lignes & demie , & l'autre qui y eft rapporté à deux pouces fept lignes de diftance du premier , ne doit être percé que de deux lignes & demie.

On perce auffi un trou de trois lignes & demie , à deux lignes du bout de la piece que l'on arrondit ; & on réduit toute la branche un peu au-delà des tenons & du bout , à trois lignes de largeur. *Pl.* 6, *fig.* I.

528. On y enfile l'effieu de la roue que l'on retient avec l'écrou ; & ce portant dont on tourne les tenons en *deffus* , s'arrête fur le pivot avec fon écrou, après y avoir mis un petit *noyau.*

Paffons actuellement, Monfieur, à votre façon de monter la girandole : je ferai charmé de l'apprendre.

Le Comte. Dites plutôt , Monfieur , que vous voulez vous amufer à mes dépens : n'importe ;

Je vais effayer de faire quelques changemens de fantaifie à cette girandole, en la difpofant ainfi.

519. Mon projet eft de laiffer les trois premieres reprifes telles qu'elles font, & de faire tourner les deux autres à gauche, en mettant trois portes-feux dans la tête du troifieme jet.

Pour cet effet, je conduirai le premier de ces portes-feux à la gorge en deffus du jet, n°. 4 ; le fecond à celle en deffous du jet, n°. 5, qui précéde celui-là, en tournant le rai en diagonale de gauche à droite ; & le troifieme à celle du jet attaché de même au rai oppofé, tourné comme l'autre cinquieme.

J'ôterai la bafcule, pour y fubftituer une aigrette, & je communiquerai chacun des cinquiemes jets du bas, avec ceux au-deffus, en mettant à l'un de ceux-là, un fecond porte-feu pour atteindre au jet à côté, n°. 5, dont je tournerai horifontalemént la gorge à droite.

Enfin je conduirai de chacun des jets du haut, auxquels je mettrai un marron, un porte-feu à l'aigrette ; & pour tirer cette piece, je l'enfilerai fur fon pivot, fans y monter la table.

Comment trouvez-vous, Monfieur, cet arrangement ? Je crois qu'il ne fera pas mal.

L'Amateur. Il eft fi bien combiné, Monfieur, que biéntôt je ferai obligé de prendre de vos leçons.

Le Comte. Bon ! de difciple me voici tout à coup devenu maître. Eh bien, Monfieur., puifque la plaifanterie vous amufe , dites - moi, je vous prie, à votre tour, comment vous comptez arranger la derniere girandole qui nous refte à faire ? Combinez-la bien, car je vous en préviens, je ne fuis rien moins qu'indulgent.

529. *L'Amateur.* Cette piece que j'appelle , Monfieur, *fphere artificielle*, parce que fa machine qui porte au centre un *globe* de carton, repréfentatif de celui de la terre, eft l'affemblage d'un certain nombre de cercles & demi-cercles , les uns dans les autres, fur un tuyau de bois, pour en former deux foleils tournans circulairement enfemble fur un même pivot , l'un *horifontalement*, & l'autre *verticalement* ; cette piece, dis-je, dont tout le fuçcès dépend du diametre de fes cercles, bien obfervé, fe fait ainfi.

531. On donne au tuyau que l'on perce de part en part , d'un trou de cinq lignes d'ouverture, huit pouces & demi de longueur, & trois groffeurs différentes.

La premiere qui eft un *moyeu* d'un pouce & demi de hauteur, pratiqué à l'un des bouts, doit avoir deux pouces de diametre, & être arrondie en mourant, jufqu'à trois lignes près du centre. (*Pl.* 6, *fig.* O, a.)

La feconde qui eft un *cylindre b*, de fept pou-

ces de longueur, se fait à l'autre bout de vingt-
une lignes de diametre & de longueur, & se réduit en mourant à chaque extrémité, à un pouce
de diametre, à partir de cette derniere longueur,
jusqu'au moyeu.

Enfin la troisieme grosseur, c'est-à-dire, le
bout du cylindre, fait d'abord de vingt-une
lignes de diametre, se met ensuite à un pouce
quarré, sur un pouce & demi de longueur, pour
en former un *tenon* que l'on colle dans la piece
suivante.

C'est un bout de planche de noyer de vingt-
une lignes d'épaisseur, sur neuf de longueur, à
laquelle on donne la figure d'un *croissant c*, en la
cintrant à bois de travers, de dix-huit lignes de
hauteur au milieu, & de six lignes à chaque bout;
de maniere que le demi-cercle dont je parlerai
bientôt, pose exactement sur toute sa concavité.

On la perce à un pouce & demi de distance
de chaque côté du milieu de sa longueur, d'un
trou de deux lignes un peu en pente vers la
pointe; & on pratique à son centre une mortaise *à jour*, d'un pouce quarré.

On la couvre en dedans d'une *crapaudine*,
dont la plaque un peu plus longue que la mortaise, s'arrête dessus avec quatre clous d'épingle,
en l'y noyant de toute son épaisseur, & on y
monte le cylindre.

532. On perce le moyeu de quatre trous à vis de quatre lignes d'ouverture, avec cette attention, d'en faire un sous le milieu de chaque pointe du croissant *d*, & les autres par moitié de ceux-là, & on l'enfile sur un pivot· de fer, fait comme ceux des autres girandoles, mais de quatre lignes de diametre à la base, sur onze pouces & demi de longueur. (On s'en sert quand on garnit la piece.)

533. Le plus grand des cercles *e* (on les fait avec des cerces à tamis, au moins de deux lignes d'épaisseur), doit avoir vingt pouces quatre lignes de diametre hors œuvre, sur vingt - une lignes de largeur, & être attaché par moitié de sa circonférence, sur un demi-cercle *f* de même largeur, & d'environ deux pieds neuf pouces de longueur, dont les bouts en dedans, ne doivent pas désafleurer le dehors.

On en attache encore un semblable *g* en croix par-dessus celui-là, mais d'un pouce plus long, & on les retient ensemble avec de la semence de clous ; ensorte que le cercle ne perde rien de son diametre, & que le tout ressemble à peu près à une couronne fermée, d'environ onze pouces & demi de profondeur, le cercle posé sur une table.

On le perce au milieu des quatre assemblages, d'un trou de six lignes, 1, 2, &c. & on en fait

S iv

auſſi deux autres, comme ceux du croiſſant , ſur le demi-cercle du dehors 5 , 6 , pour l'y attacher avec deux clous à têtes plates , que l'on retient en deſſous avec de petits écrous.

On diviſe ce cercle en *dix* parties : la premiere ſe marque à l'un des trous du demi - cercle du dedans ; la ſeconde au trou oppoſé (on la nu-mérote auſſi *un*) , & les deuxiemes , troiſiemes , quatriemes & cinquiemes , ſe marquent de ſuite par quart , à la droite de chacune des premieres diviſions ; ce qui forme les dix autour du cercle.

L'autre cercle *h* ſe fait de ſeize pouces de dia-metre hors œuvre , ſur quinze lignes de largeur , & ſe perce par moitié de ſa circonférence & de ſa largeur , de deux trous de cinq lignes , oppo-ſés l'un à l'autre.

On en attache encore un pareil *i*, ſur l'autre moitié de ce cercle (ſon diametre doit être un peu plus grand , pour ne pas ſerrer le premier au point de le rendre ovale) , & on les perce au milieu des aſſemblages , d'un trou de trois lignes : ce dernier cercle ſe diviſe en cinq parties , en commençant à deux pouces de l'un des petits trous.

Le Comte. Quelle eſt donc , Monſieur , la ma-niere de faire tenir ce double cercle dans le grand , & à ſon centre le globe de carton dont vous avez parlé ; car je préſume que ce ſont là tous les cercles qui compofent votre piece ?

534. *L'Amateur.* Pour porter ce cercle on a,
Monfieur, deux chevilles qui lui fervent d'effieu,
dont les proportions, ainfi que celles de leurs
écrous, font de rigueur.

On donne à ces chevilles de bois de noyer,
deux pouces huit lignes de longueur, fur cinq
lignes de diametre, & on pratique à l'un des
bouts, un petit bouton plat, de deux lignes
d'épaiffeur, fur neuf de largeur. On fait à la
fuite de leurs têtes, un pas de vis de quinze
lignes de longueur feulement, & on met le
refte à quatre lignes de diametre. *Pl.* 6, *fig.* K.

535. On les enfile par dehors, dans les trous
du demi-cercle du dedans du croiffant, & on
les y retient ferme avec des écrous de bois de
noyer, de dix-neuf lignes de longueur, fur
onze de diametre, dont l'un des bouts (c'eft celui près du grand cercle) doit être coupé quarrément, & l'autre arrondi en mourant pour
moins de frottement fur le petit cercle. (*Pl.* 6,
fig. L, eft celle d'un de ces écrous.)

536. On y enfile ce cercle, en le ferrant un
peu, pour y faire entrer le fecond bout faillant
de ces fortes d'effieux, & on le fait tourner. Si
les écrous le gênent, on en ôte un peu par derriere, mais de façon qu'il n'y ait que très-peu
de jeu; fans quoi le cercle, venant à échapper,
tomberoit au fond.

Quant à mettre le globe de carton au centre de ces cercles, rien de plus aifé, mais auparavant il faut favoir le faire.

537. On donne à la boule de bois fur laquelle on le moule de trois lignes d'épaiffeur (voyez la maniere de faire les cartouches de bombes fphériques, page 187), cinq pouces & demi de diametre ; & on pique à chacun de fes points oppofés, un bout de broche de trois lignes de groffeur, afin de laiffer fur le globe deux trous de cette ouverture.

Lorfqu'il eft fec, on le coupe par moitié entre les broches, & on colle fur chaque trou en dedans, une forte rotule de carton percée de même. On réunit ces deux hémifpheres, en coufant autour de l'un des bords en dedans, une bande de carton flexible, qu'on laiffe déborder d'un demi-pouce, & que l'on colle, ainfi que l'autre hémifphere, pour les affembler l'un fur l'autre. On met par deffus plufieurs bandes de papier collé, fans faire de boffes, & on peint ce globe en bleu célefte.

538. On a une verge de fer, de deux lignes de diametre, fur un peu plus de longueur que celle du double cercle, portant à un bout un bouton d'arrêt; & on l'enfile dans les trous de ce cercle, en la paffant dans le globe *m*: on la retient par l'autre bout, avec un petit écrou.

Mais comme le globe en restant ainsi, iroit & viendroit sur son axe à chaque révolution du soleil, on le fixe au centre de sa piece, avec deux cartouches de quatre à cinq lignes de grosseur. On les moule sur sa broche sans trop serrer, & après les avoir mis de longueur à ne pas haloter, on les peint en noir pour être moins visibles.

Que pensez-vous, Monsieur, de ces détails ? sont ils de votre goût ? car avec vous qui n'êtes pas indulgent, on doit prendre garde à ce qu'on avance.

Le Comte. Je suis très-content, Monsieur, de votre description ; mais il vous reste encore à dire comment vous posez les jets sur cette machine, & vous les communiquez ensemble, pour qu'elle puisse produire l'effet que vous m'avez annoncé.

539. *L'Amateur.* Des quinze jets brillans (pour éviter la confusion dans une si petite machine garnie de jets, vous me dispenserez de vous la figurer telle, d'autant plus que son exécution va y suppléer), des quinze jets brillans de quatre lignes qui forment, Monsieur, *cinq* reprises à cette piece, cinq s'attachent sur les divisions du petit cercle, & se communiquent de l'un à l'autre, comme à un soleil tournant ; & les dix autres se mettent sur le grand cercle , la *gorge* à *gauche* ,

dont six *horifontalement*, & quatre en *diagonale*, la gorge en *deffous*.

Les horifontaux font les deux premiers jets (ceux-ci s'attachent fur l'épaiffeur de la cerce, & les autres fur fa largeur), les deux troifiemes & les deux cinquiemes.

On peut en place de ficelle attacher les jets fur tout les diagonaux, avec du fil de fer, en perçant la cerce de maniere à leur donner cette direction.

Chacun de ces jets fe communique avec les quatre fuivans, de l'un à l'autre; l'un de ces premiers auquel on met un double porte-feu, fe communique avec la roue *i* (on la monte pour tourner à *gauche*, & on tient fon cercle de baf-cule *h* en fituation horifontale), & celle-ci avec l'autre premier jet du grand cercle.

Le Comte. Voilà qui va bien, Monfieur, pour une partie; car vous avez fûrement dans l'idée d'employer les trous pratiqués au moyeu, & au grand cercle de votre fphere, à en changer le jeu. Voyons comment vous vous tirerez de cet arrangement?

L'Amateur. J'admire, Monfieur, la tournure de votre demande: nous étions cependant con-venus de finir à la troifieme girandole; nous y fommes parvenus, & vous n'êtes pas encore fa-tisfait.

Le Comte. C'eſt à vous-même, Monſieur, à qui
vous devez vous en prendre de cette nouvelle
beſogne, en faiſant des trous juſqu'à préſent
inutiles à votre machine, puiſque je n'en vois pas
encore l'utilité : avouez que vous avez donné
lieu à ma queſtion en agiſſant ainſi. Pouvois-je
donc paſſer outre, ſans m'inſtruire de votre
projet

L'Amateur. Il faut bien vous contenter, mais
n'y revenez plus, cela n'abrege pas notre ouvrage. Si nous n'allons pas plus vîte, nous n'en
verrons jamais la fin.

540. A cette piece que j'ai imaginé, Monſieur,
de compoſer ainſi, du moins je n'en ai pas encore
vu de cette eſpece, j'ajoute une *ſeconde* roue qui
tourne en travers dans la premiere, & je fais
porter au grand cercle, *quatre* petits ſoleils tournans à droite & à gauche, que j'accompagne de
deux repriſes de jets placés ſur le moyeu du
tuyau, dont le feu en contre-bas ſuccédant à
celui de la ſphere, lui imprime un mouvement
contraire à l'autre, tandis que les ſoleils auſſi à
deux repriſes, jouent enſemble; ce qui produit
un effet ſurprenant, bien oppoſé au premier.

Cette roue, ou pour mieux dire ſa baſcule *n*,
qui ſe fait comme la premiere, mais de onze pouces moins un quart de diametre hors œuvre,
s'aſſemble auſſi en croix dans un ſecond cercle,

& se perce seulement de deux trous opposés, pour y passer la broche de fer : son cercle extérieur o se divise en cinq parties égales, à partir du milieu de l'un des assemblages, & se garnit d'autant de jets pareils aux autres.

541. On la monte dans la grande roue (il faut quatre petits cartouches, comme les précédens, dont deux servent à tenir le cercle intérieur assez écarté de l'autre, pour que la roue soit au milieu, & deux à mettre le globe au centre de la machine), en passant d'abord la verge dans celle-ci, ensuite dans un tuyau, de là dans son cercle de bascule, ensuite dans un autre tuyau, dans le globe, & ainsi de l'autre côté.

Les chevilles d'essieu, pour ce changement de piece, ne pouvant plus lui servir, on en a quatre particulieres.

542. Deux se font de cinq pouces un quart de longueur comme les premieres, quant aux boutons, pas de vis & grosseurs ; mais leurs bouts se mettent à trois lignes de diametre, sur dix-huit de longueur, & se tarodent de six lignes, pour recevoir des petits moyeux pareils à celui employé derriere le transparent (voyez page 240), & que l'on y rêtient avec des écrous de bois.

543. On les enfile par dedans, dans le trou du grand cercle au-dessus du croissant, & on les y

fixe avec des écrous de trois pouces quatre lignes de longueur, faits comme ceux du premier
essieu. (Pl. 6, fig. M, est la réunion d'une de ces
pieces.)

Les deux autres chevilles qui se passent par
dehors & qui s'arrêtent avec les petits écrous ,
doivent avoir sept pouces un quart de longueur,
& trois grosseurs différentes.

544. La première se fait comme les petites
chevilles, à l'exception des boutons : la seconde
se figure comme les grands écrous, & la derniere
se fait pareille aux essieux des grandes chevilles,
pour être aussi enfilée dans un moyeu semblable
aux leurs. Pl. 6, fig. N.

545. Les rais du moyeu de deux pouces un
quart de longueur, doivent avoir leurs cannelures un peu en *pente* , & y être vissés de maniere
à ce qu'elles soient toutes en *diagonale* de *gauche*
à *droite.*

546. Après avoir attaché les jets de ce moyeu
la gorge en *dessous* , & ceux des petits soleils ,
têtes devant *gorges* (ces douze jets brillans ne
doivent être que de quatre lignes), on monte
ces derniers sur leurs essieux, en les y tenant
de bout, c'est-à-dire, une gorge en *dessous,* &
une en *dessus* , pour les communiquer avec les
jets de la sphere dans l'ordre suivant. (Il exige
une certaine attention.)

Le premier foleil qui doit tourner à *droite*, & être devant un des jets du grand cercle, n°. 1, fe communique avec le cinquieme jet de ce cercle, à côté du premier.

Ce cinquieme fe communique auffi avec le jet du moyeu au-*deffous* de lui ; & celui-ci avec le fecond foleil tournant à gauche. (C'eft celui à la gauche du premier.)

Le troifieme foleil (il doit auffi tourner à *droite*) fe communique, comme le premier, avec le fecond cinquieme du cercle ; & celui-ci avec le jet du moyeu, oppofé au premier communiqué.

Ce dernier jet fe communique de même avec le quatrieme foleil tournant à *gauche* ; & les autres jets de ce moyeu fe communiquent de l'un à l'autre avec les premiers, pour en former *deux* reprifes avec les foleils, ainfi que je l'ai d'abord annoncé. (On peut les terminer par un petard.)

Toute la différence des communications de la fphere, confifte à conduire le *fecond* porte - feu du jet qui commence au *premier* de la petite roue, dont le cercle de bafcule doit être auffi en fituation *horifontale* ; & à mettre dans ce dernier jet, un *fecond* porte-feu, pour atteindre au premier de la grande roue, & de là un double conduit qui aboutiffe à l'autre premier jet du grand cercle. 547.

547. On peut, si l'on veut, en supprimant les petits soleils & les jets du moyeu, faire encore de cette piece, une girandole à *doubles* soleils *concentriques*. Ainsi, Monsieur, au lieu de trois girandoles que je vous avois promises, en voilà cinq de bon compte qui doivent vous contenter, avec les deux de votre façon.

Le Comte. Pas tout à fait, Monsieur, je n'ai point oublié que vous m'avez dit avoir encore d'autres choses à m'apprendre.

DIALOGUE NEUVIEME.

De la machine Pyrique.

548. *L'AMATEUR.* Il est juste, Monsieur, de vous tenir parole, en vous enseignant la construction d'une machine pyrique qui vous donnera en même tems, la maniere de faire *succéder*, ainsi que vous me l'avez demandé, un soleil fixe à un soleil tournant, quoique vous l'ayez déjà vu aux communications de l'étoile à panneau avec ses girandoles, par leurs chemins couverts.

Le Comte. J'attendois, Monsieur, avec la plus grande impatience, la description de cette piece qui précéda si agréablement le bouquet de fusées volantes de votre feu d'artifice. Elle est trop belle pour ne pas redoubler de soins dans sa manutention, afin d'y bien réussir.

T

L'Amateur. Je vais, Monfieur, avant d'en venir au détail, vous définir l'effet que cette piece doit produire.

549. On appelle *machine pyrique*, la réunion de différentes pieces d'artifices, *fixes* & *mobiles*, fur un même *axe* de fer, & dont le feu qui ne fe met qu'à la premiere, paffe fucceffivement de l'une à l'autre, au moyen des communications pratiquées dans leurs moyeux qui fe tiennent de près ; enforte que l'on peut en affembler enfemble autant & fi peu que l'on veut, fuivant que l'on defire faire durer la piece plus ou moins long-tems.

550. Celle faite d'après mon invention, & dont nous allons nous occuper, eft compofée de *cinq* pieces, trois *mobiles* & deux *fixes*. Les premieres fe percent au centre de leurs moyeux, d'un trou de huit lignes, recouvert à chaque bout, d'une plaque de cuivre percée fuivant le diametre de leur effieu, & les autres ne fe percent que d'un trou de fept lignes d'ouverture. (On les coupe toutes quarrément par les bouts.)

551. La premiere piece eft un *foleil tournant* à *fix* reprifes (nous les garnirons chacune de fuite), dont le moyeu de bois de *tilleul*, & de cinq pouces de longueur, fe fait de quatre groffeurs différentes.

La premiere (c'eft le devant de la piece & le

prémier moyeu) de dix-huit lignes de longueur,
doit avoir deux pouces de diametre, & être diminuée en mourant, jufqu'à un demi-pouce du
centre. On la perce de *trois* trous à *vis* de quatre
lignes d'ouverture, pour recevoir des rais de
deux pouces un quart de longueur.

La feconde d'un demi-pouce de longueur, fe
met à dix-huit lignes de diametre, & fe diminue
auffi en prenant trois lignes fur le moyeu, pour
dégager fon fecond bout.

La troifieme (c'eft le fecond moyeu) fe fait
d'un pouce de longueur, fur trois lignes de diametre, & fe perce de trois pareils trous oppofés
aux premiers, pour y viffer des rais de trois
pouces un quart de longueur.

Enfin on donne à la derniere groffeur, deux
pouces de longueur, & deux & demi de diametre,
pour en former un *cylindre*.

On y pratique à dix lignes du centre une rainure circulaire de deux lignes & demie en
quarré, & on creufe ce même centre à onze
lignes de profondeur, fur feize de diametre.
(C'eft à fon fond que s'attache la plaque de cuivre de même grandeur.)

On perce dans la rainure un trou de même
groffeur, que l'on prolonge jufqu'au dehors du
fecond moyeu, avec cette attention, de le faire
entre *deux* de fes rais ; & on l'ouvre un peu par

une petite mortaife fur le moyeu. (*Pl. 7, fig.* O) 11 , eft fon profil ; & *fig.* A , le repréfente par fon bout creux *a* , avec fa rainure & fon trou de communication.)

552. Les jets qui garniffent cette piece (on peut faire tourner la premiere reprife d'un fens contraire à l'autre), fe chargent dans l'ordre fuivant, afin de former un foleil à changement de feu, par fes variations de couleurs qui approchent affez de celles dont le lever ou coucher du foleil femble teindre les nuages, lorfqu'il y réfléchit fes rayons.

Après avoir chargé les jets à l'ordinaire, c'eft-à-dire, en feu commun jufqu'à la hauteur de la broche, on continue le premier jet environ à moitié, avec du *brillant* de limaille de fer, enfuite avec trois ou quatre charges de litarge d'or, & on le finit avec la précédente compofition.

Le fecond jet fe charge avec quatre ou cinq cuillerées de limaille d'*éguilles*, quatre de litarge d'*argent*, deux d'*aurore*, & le refte en limaille de fer.

Le troifieme fe charge un tiers en *brillant*, enfuite une ou deux petites cuillerées de compofition d'*étoiles*, un tiers en *aurore*, & fe finit en litarge d'or.

On charge le quatrieme, moitié brillant d'*éguilles*, enfuite une cuillerée de litarge d'or, une cuillerée de feu *mort*, & le refte moitié aurore, & moitié brillant d'*acier*.

On met dans le cinquieme, un tiers brillant d'*éguilles*, une charge de feu d'*étoiles*, un tiers brillant d'*acier*, & le refte en litarge d'*or*.

Enfin, le dernier fe charge moitié brillant d'*éguilles* & moitié d'*acier*.

On peut encore varier l'effet de ce foleil, en chargeant le premier jet en brillant; le fecond en *aurore*; le troifieme en *chinois*; le quatrieme en *acier*; le cinquieme en litarge d'*or*, & le dernier en *acier*, ou de telle autre façon que l'on juge à propos, comme moitié d'une compofition, & moitié d'une autre dans chaque cartouche, &c.

553. Lorfqu'ils font attachés fur les rais, & communiqués de l'un à l'autre, on renferme dans la tête ou dans la gorge du fixieme jet (cette derniere communication eft plus belle, mais alors le foleil n'eft plus, pour ainfi dire, qu'à cinq reprifes, fa fixieme fe faifant avec là piece qui le fuit), un porte-feu dont l'étoupille fe paffe dans le trou du moyeu, & fe roule dans la rainure du cylindre, de façon à la remplir. On l'y retient avec de l'amorce, & on couvre la mortaife feulement, de plufieurs bandes de papier brouillard collé, pris avec le bout du conduit : *fig.* A, *c.* (On en fera autant pour les autres mortaifes, mais on aura l'attention de ne

pas couvrir de papier , l'étoupille du bout des
cylindres quelconques dont nous parlerons.)

Le Comte. Quelle est donc , Monsieur , l'utilité
de la mortaise circulaire , pratiquée au bout du
cylindre de ce moyeu ? Vous n'en dites rien.

L'Amateur. C'est pour recevoir , Monsieur ,
le premier cylindre de la piece suivante qui est un
soleil fixe , composé de *douze* jets. (Vous en verrez la nécessité quand nous les monterons toutes
ensemble.)

554. Son moyeu de bois de *noyer* , & de sept
pouces & demi de longueur , doit avoir trois
grosseurs différentes.

La premiere qui est un *cylindre* , & le devant
de la piece , se fait de quatorze lignes de diametre
& de longueur.

La seconde (c'est aussi un cylindre) de deux
pouces de longueur , sur deux & demi de diametre , se grave à dix lignes de son centre , d'une
rainure semblable à la précédente.

La troisieme qui est le moyeu , doit avoir deux
pouces un tiers de longueur , sur trois pouces de
diametre , & être percée de *douze* trous égaux
pour y visser des rais pareils à ceux du soleil fixe,
décrit page 241 , & monté de même.

Enfin les deux pouces restans de la piece , se
font semblables au cylindre du soleil tournant;
mais le trou de la rainure ne se prolonge que de

six lignes dans le moyeu, vis-à-vis du premier rai. On le découvre de la même longueur sur le bout du moyeu, & on en fait autant dans le cylindre opposé, vis-à-vis de ce rai.

On a un *demi-cercle* de *fer* mince, de six lignes de largeur, sur moitié d'épaisseur dans son milieu, & on y pratique un écrou, pour recevoir une vis à tête plate, de deux pouces & demi de longueur, *fig.* B.

On l'attache avec deux clous à vis, à fleur du derriere du moyeu, vis-à-vis du septieme rai, & on perce le moyeu jusqu'au centre, sur le trou de l'écrou, pour y passer la clef servant à fixer la piece sur son axe. (*Fig.* C, est celle de ce moyeu vu par le devant *a*, & *fig.* O, 10, vu de profil avec sa vis.)

555. La maniere d'y monter les jets & de les communiquer ensemble, ne differe de celle dite pag. 242 & 243, que parce qu'on ne laisse pas de gobelet vuide; qu'on ajoute à la gorge du jet au-dessus de la mortaise de devant, un troisieme porte-feu *c*, dont on passe l'étoupille dans son trou, pour la conduire dans la rainure du cylindre; & que parce qu'on en renferme un autre dans sa tête (cette derniere opération se fait avant d'attacher le jet sur le rai), dont on passe de même l'étoupille dans le trou aboutissant à la rainure du cylindre opposé. Voyez *fig.* C, pour

T iv

l'arrangement & les communications des jets de cette piece, à laquelle fuccede la fuivante qui eft un fecond foleil tournant, compofé de *fix* jets formant *trois* reprifes.

556. On donne à fon moyeu de bois de *tilleul*, & de fept pouces de longueur, la même forme & figure que celle du foleil fixe, avec cette diffé-rence, que le moyeu entre les cylindres ne doit avoir que vingt-deux lignes de longueur, & n'être percé que de *fix* trous à vis, pour rece-voir des rais de fept pouces & demi de lon-gueur.

On le perce dans fa rainure du devant (c'eft celle au-deffus du petit cylindre), de *deux* trous oppofés, prolongés dans le moyeu d'un demi-pouce de profondeur, *en les dirigeant un peu à côté des premier & quatrieme écrous fur leur gauche*, & on en fait feulement un femblable dans l'autre rainure, auffi à côté du fixieme écrou à *gauche*, la piece retournée devant foi. On les découvre par une mortaife, fur les bouts du moyeu, fans entamer les cylindres.

557. Après avoir attaché les jets fur les rais (on peut les charger de deux en deux, avec différentes compofitions : les premieres en *bril-lant* de fer; les fecondes en *aurore*, & les dernieres en *acier*, ou trois de fuite en brillant d'acier; & les trois autres, le premier en charbon de terre,

le fecond en litarge d'or, & le dernier en aurore,
ce qui forme à chaque reprife un mêlange de
couleur de feu affez fingulier), on communique
la gorge des premier & quatrieme, avec la rainure du devant, chacune par fon trou de mortaife, & la tête du fixieme de même, avec la rainure de derriere. Les deux autres jets fe communiquent avec les premiers & avec les troifiemes. *Fig.* D, *c, d.*

Le Comte. Ne pourroit-on pas, Monfieur, en
place de ce foleil tournant, fubftituer une piece
mobile d'une autre efpece ; car vous êtes fi in-
ventif dans vos changemens de figures, que je
ne doute nullement de la poffibilité de celle-là ?

558. *L'Amateur.* Ce qui nous refte à faire,
Monfieur, pour terminer notre machine pyrique, devient un peu plus compofé, fur-tout la
piece que vous demandez, parce qu'elle dépend
en partie de l'adreffe d'un ferrurier intelligent,
pour bien exécuter en petit une *lanterne* de *fer*,
comme celle d'un moulin, & deux *roues* de *cuivre*,
dentelées de *champ*, qui, montées chacune *verticalement* au bout d'un moyeu, *engrennent* dans la
lanterne que l'on place entr'elles, & les font
tourner également, l'une à *droite* & l'autre à
gauche ; enforte que le feu des jets qui fe *croife*,
parce que plufieurs de chaque moyeu partent à la
fois, a fait nommer cette piece, par les Artificiers,

un *soleil guilloché* : son effet est des plus amusant:

559. Le premier moyeu de bois de *noyer*, & de sept pouces de longueur, se fait de cinq grosseurs différentes.

Les deux premieres (c'est le devant de la piece) doivent avoir la même forme, figure & longueur que le devant du précédent moyeu, c'est-à-dire, *deux* cylindres semblables.

On donne à la troisieme qui est le moyeu, trois pouces de longueur, sur trois & demi de diametre, & on la perce à six lignes des bouts, de quatre trous à vis, de quatre lignes d'ouverture, opposés les uns aux autres, pour y monter des rais, comme ceux du second soleil tournant, mais dont les cannelures se font un peu en pente sur la droite.

La quatrieme est une *feuillure* à la suite du moyeu, qui doit avoir quatre lignes de hauteur, sur trois pouces deux lignes de diametre, pour recevoir un peu de force, une *virole* de fer-blanc de deux pouces & demi de hauteur.

Enfin la derniere grosseur qui est aussi une feuillure, se fait de vingt-deux lignes de diametre, sur six de hauteur, pour porter une des roues dont nous avons parlé plus haut; & se grave à sept lignes du centre, d'une rainure circulaire de deux lignes en quarré.

On numérote les écrous des rais, à partir du

devant toujours à *droite*, & on perce un trou de
communication d'une rainure à l'autre, entre le
premier & cinquieme écrou (ce dernier doit
être entre le quatrieme & le premier), assez
grand dans le cylindre seulement, pour y passer
deux étoupilles.

On le découvre de six lignes en quarré par
devant, sur le bout du moyeu, sans entamer le
cylindre , & on fait un second trou opposé à
celui-là ; mais on ne le prolonge dans le moyeu
que de six lignes, pour l'ouvrir de même par une
mortaise. *Fig.* O, 9.

560. Le second moyeu de cinq pouces dix
lignes de longueur, differe du premier en ce qu'il
ne porte pas de cylindre par devant, mais un
par derriere, creusé au centre comme les autres,
avec sa rainure circulaire; que sa premiere feuillure ensuite du moyeu, se fait de trois pouces
moins un quart de diametre ; que ses écrous se
marquent de *droite* à *gauche*, en commençant du
côté des feuillures qui deviennent le devant de
la piece ; que les cannelures de ses rais se cham-
frainent à gauche, & enfin en ce que les trous de
communication se font ainsi.

Le premier se perce dans la rainure de la petite feuillure, & se prolonge seulement de six
lignes dans le moyeu, entre le premier & quatrieme écrou, vis-à-vis du cinquieme. On le

découvre, comme les autres, jufqu'à la grande feuillure, & on en fait un femblable à fon oppofé.

Le dernier trou qui doit communiquer à la rainure du cylindre, fe perce auffi de fix lignes de profondeur, à l'autre bout du moyeu, entre le cinquieme & huitieme écrou, vis-à-vis du quatrieme, & s'ouvre de même jufqu'au cylindre, fans découvrir celui-ci: *fig.* O, 7.

Le Comte. Quelles font donc, Monfieur, les proportions des roues dont on arme ces moyeux, ainfi que celles de la lanterne ? & comment cette derniere s'ajufte-t-elle fur l'effieu, pour pouvoir régler le mouvement de celles-là ?

561. *L'Amateur.* Ces roües qui font, Monfieur, ainfi que je l'ai dit, l'ouvrage d'un ferrurier ou encore mieux d'un horloger, & dont le diametre intérieur doit être à peu près le même que l'extérieur des feuillures, afin d'y entrer à force, fe font de neuf lignes de hauteur, fur une d'épaiffeur, & leur circonférence fe divife en quarante-huit parties égales, pour en former vingt-quatre dents de deux lignes & demie de hauteur : *fig.* E.

On les perce de trois trous, & on les attache avec des clous à vis de fix lignes de pointe, à fond des feuillures, en obfervant de ne pas les piquer fur leurs rainures : *fig.* O, 7, 9, *a, c.*

562. La lanterne de dix lignes de diametre &

de hauteur, du dehors en dehors, doit porter neuf *fuſeaux* de groſſeur proportionnée à l'*échappement* des rouages, & être percée au centre de ſes plaques, faites d'une ligne d'épaiſſeur, d'un trou de trois lignes, pour recevoir l'*arbre* autour duquel elle doit tourner : *fig.* F.

Cet arbre d'un pouce de hauteur, ſur deux lignes & demie de diametre, ſe pratique au bout d'un morceau de fer, auquel on donne une figure ovale, & que l'on perce au milieu d'un trou de ſept lignes de diametre, pour en former un *coulant* de quatorze lignes de hauteur, ſur dix de largeur, & ſix d'épaiſſeur.

563. On le perce à l'oppoſé de l'arbre pour y paſſer une petite vis à tête plate, ſervant à le fixer ſur l'eſſieu, & on y enfile la lanterne que l'on retient avec un écrou, ſans la ſerrer ſur ſon portant dont la hauteur au-deſſus du trou, jointe à celle de l'arbre, doit en faire une au total d'environ ſeize lignes; autrement la virole qui couvre cette machine méchanique, porteroit deſſus, & les roues ne tourneroient pas. (*Fig.* G, eſt celle de cet arbre).

Le Comte. Comment ſe font donc, Monſieur, les communications des jets, pour que pluſieurs de chaque roue prennent feu enſemble ?

564. *L'Amateur.* Les jets brillans, Monſieur, étant montés ſur le premier moyeu, pour le

faire tourner à *droite* (leur feu doit être un peu
ralenti, en diminuant la dose de poussier, ou en
augmentant celle de la limaille), on enfile une
étoupille dans le trou qui passe d'une rainure à
l'autre, & on en remplit celle de la roue, en
l'y arrêtant avec de la pâte d'amorce. On roule
l'autre bout dans la moitié de sa rainure du devant, & on l'y retient de même.

On communique les gorges du premier &
troisieme jet, avec la rainure du cylindre (*fig.*
H, *c*), & on y colle l'étoupille dont on acheve
de la garnir.

Le premier jet se communique ensuite par la
tête avec le second; celui-ci de même avec le
septieme, & celui-là avec le huitieme.

Le troisieme se communique de même avec
le quatrieme; celui-ci avec le cinquieme, & ce
dernier avec le sixieme; ce qui forme *quatre re-*
prises à la piece.

Mais quand on veut la faire plus abondante en
feu, on communique la gorge du septieme jet
avec celle du sixieme, & celle du cinquieme avec
celle du dernier. La piece n'est plus alors qu'à
trois reprises.

Les communications des jets brillans, aussi à
feu modéré du second moyeu qui doit tourner
à *gauche*, sont les mêmes quant aux quatre *repri-*
ses, en ajoutant dans la tête du huitieme jet, un

porte-feu 3, dont on paſſe l'étoupille par le trou
du cylindre, pour la rouler & coller dans ſa rainure avec de l'amorce (*fig.* H), mais à *trois re-*
priſes, on communique la tête du ſecond jet
avec les gorges du ſeptieme & huitieme (ce dernier ayant toujours en tête, ſa communication
avec la rainure du cylindre), & celle du quatrieme avec la gorge des cinquieme & ſeptieme
jets.

On peut auſſi varier le feu de cette piece, en
faiſant la premiere repriſe en *brillant*; la ſeconde
en *aurore*; la troiſieme en *chinois*, & la quatrieme
en brillant d'*acier*. Si elle n'eſt qu'à trois repriſes,
la derniere doit être en acier. (On modere auſſi
la vivacité de ces compoſitions.)

Le Comte. Je ne perds certainement pas, Monſieur, de vous avoir demandé ſi on pouvoit
remplacer le ſecond ſoleil tournant de votre machine pyrique, par une piece mobile différente;
car celle que nous quittons doit produire un bel
effet. Mais il nous en reſte encore deux à faire,
une fixe & une mobile, parce que je ne compte
celles-là que pour une, puiſqu'elles ne peuvent
s'exécuter enſemble.

565. *L'Amateur.* La piece fixe qui vient, Monſieur, enſuite du guilloché ou du ſoleil tournant,
eſt une *étoile* à cinq pointes, compoſée de dix jets
brillans de quatre lignes, attachés de deux en deux

au bout d'une barre, fur des efpeces de *jantes* ou
traverfes *cannelées*, & dont la pofition de gorges
oppofées, leur donne la figure d'un T d'ouverture d'angle mefurée, à leur faire *croifer* leur feu
plus ou moins haut.

Si à la façon que je vais vous indiquer d'attacher ces petits portans, vous trouvez, d'après
un effai, qu'ils font trop ou trop peu inclinés,
vous les ouvrirez ou ferrerez, fuivant la direction que vous voudrez donner au feu des jets.

566. Le moyeu pour les porter, de bois de
noyer, & de fept pouces & demi de longueur,
fe fait comme celui du foleil fixe; mais le moyeu
proprement dit, doit être feulement percé au
milieu de cinq trous à vis.

On pratique à fix lignes de ce milieu, du côté
du petit cylindre, une rainure circulaire de trois
lignes en quarré, & on ouvre le devant des
écrous, de la même profondeur & largeur, jufqu'à la rainure.

On perce un trou de communication dans la
rainure au-deffus du petit cylindre, que l'on
prolonge jufqu'à celle du moyeu, vis-à-vis du
premier écrou, & on en fait un femblable dans
la rainure de l'autre cylindre, prolongé d'un
demi-pouce dans le moyeu, entre le premier &
deuxieme écrou. On les découvre par une mortaife, & on arme la piece comme le foleil fixe,

d'un

d'un demi-cercle de fer dont la vis se met par derriere, à l'opposé de la premiere barre : *fig.* O, 6.

567. Ces barres ou rais aussi de bois de noyer, & de seize pouces de longueur, sur neuf lignes d'équarrissage, se vissent sur le moyeu de façon à ce que leur plat soit par devant, & se gravent au milieu de cette face, dans toute leur longueur, d'une rainure de trois lignes en quarré.

On y attache à fleur du bout sur les rainures, ainsi que de l'autre côté, des traverses cannelées de trois pouces de longueur, sur neuf lignes de largeur & d'épaisseur, les entailles faites, & on y monte les jets.

568. Ceux du devant se posent la gorge à *gauche*, & ceux du derriere la gorge à *droite* : on les communique ensemble barre par barre, en renfermant deux bouts de portes-feux dans la gorge de celui du devant, dont l'un se conduit au second jet, & l'autre qui doit avoir son étoupille beaucoup plus longue que la barre, se fourre dans sa rainure sous le portant, après y avoir enfilé l'étoupille. *Fig.* I, 1, 2, 3, 4, 5.

On la prolonge un peu dans la rainure du moyeu, & on l'y retient avec deux tours d'étoupille, dont on passe un bout dans le trou de la rainure du devant pour la garnir. On couvre la rainure extérieure du moyeu, celles des barres

V

& le bout des portes-feux, de plufieurs bandes
de papier collé, la derniere en brouillard, & on
met une communication *c* à la tête du jet de
derriere, au-deffus de la mortaife du moyeu,
pour la conduire dans la rainure du cylindre
que l'on en remplit.

569. On peut quelquefois, au lieu de cette étoile, figurer une *croix* de *chevalier*, avec un moyeu
femblable au précédent, mais de cinq pouces de
diametre, pour la partie des quatre barres qu'il
doit porter par quart de fa circonférence : (elles
doivent auffi être à rainures.)

On y attache les traverfes en *diagonale* oppofée, à peu près de la figure d'un X, en dirigeant
leurs bouts de maniere que le feu des jets fe
rencontre à fon extrémité, avec celui des deux
jets pofés fur le moyeu, l'un à *droite*, & l'autre à
gauche, au pied du milieu de chaque barre, pour
en former les *feuilles* de la croix ; ce qui fait en
tout feize jets *brillans* de quatre lignes, dont ceux
du moyeu s'y fixent un peu en *éventail*, en les
attachant fur de longs clous fans têtes, avec cette
précaution de ne pas leur faire quitter le moyeu,
parce que s'ils étoient trop renverfés, leur feu
ne figureroit pas la croix de chevalier, étant très-
près les uns des autres : *fig.* L.

570. On les communique de même que l'étoile,
feuille par feuille, en conduifant un porte-feu.

de chaque jet du *haut*, à celui au-*deſſous*; & on en renferme un autre *c*, dans la tête du jet de derriere à côté de la mortaiſe du moyeu (celle-ci doit être vis à-vis du troiſieme écrou, & la vis en fer à l'oppoſé), pour paſſer ſon étoupille dans la rainure du cylindre & l'en garnir.

Le Comte. Et la piece mobile qui termine, Monſieur, votre machine pyrique, en quoi conſiſte-t-elle ?

571. *L'Amateur.* Le moyeu de cette derniere piece, ne ſe fait pas, Monſieur, comme les autres, parce qu'il ne tourne pas ſur ſon axe; il n'y a que les artifices qu'il porte qui ſoient *mobiles*: ce ſont trois *ſoleils tournans*, & trois *girandoles* à *deux* ou à *quatre* repriſes, montés au bout de longues barres, pour tourner les premiers à *droite*, & les autres à *gauche*.

572. Ce moyeu de bois de *noyer*, & de cinq pouces de longueur, ſur ſix de diametre, ſe creuſe au centre de l'un de ſes bouts, d'une mortaiſe circulaire de deux pouces ſept lignes de diametre, ſur deux pouces un quart de profondeur, & ſe grave au bord de ce trou, d'une feuillure circulaire de quatre lignes de profondeur & largeur, pour recevoir un *cylindre* qui en fait partie.

On le perce à dix-huit lignes du bout de cette face, de ſix trous à vis d'un pouce d'ouverture,

également compaſſés, & on en fait un autre à
ſeize lignes du derriere, entre le troiſieme &
quatrieme écrou, pour ſervir à le fixer ſur l'eſſieu, avec une vis en fer un peu plus forte que
celle des autres moyeux : *fig.* O, 4.

Le cylindre qui s'emboîte dans la *chambre* de
ce moyeu, ſe fait en bois léger, de quatre pouces une ligne de longueur, & de trois groſſeurs
différentes.

Les deux premieres doivent être comme le devant du moyeu de l'étoile, pour les cylindres
& la rainure ; & on fait la derniere groſſeur de
trois pouces deux lignes de diametre, ſur quatre
lignes de longueur. Le reſtant ſe met à deux pouces & demi de diametre.

On y pratique auſſi une rainure pareille à
celle du devant, & on la perce de deux trous
oppoſés, pour y aboutir & y paſſer des étoupilles dont on les remplit toutes deux. On en-
caſtre cette piece dans la mortaiſe du moyeu
(*fig.* O, 5), & on l'y retient par deſſus avec
deux petits tourniquets de fer, oppoſés l'un à
l'autre.

573. Les barres auſſi de bois de *noyer*, ſe font
d'un pouce d'équarriſſage, ſur quatre pieds de
longueur, en ſus des tenons de ſeize lignes, & ſe
montent ſur le moyeu, en tournant une de leurs
faces bien droit par derriere, pour les numéroter

de *gauche* à *droite*, & tirer au milieu de ce paré‑
ment, une rainure de deux lignes & demie en
quarré.

On commence ces rainures à six lignes au‑
deſſus des tenons, & on les fait du reſte de la
longueur des barres, n°. 1, 3 & 5 ; mais celles
des autres barres ne ſe prolongent que juſqu'à
dix‑neuf lignes près de leurs bouts, que l'on
perce à un pouce au‑deſſous, d'un trou de qua‑
tre lignes, pour recevoir des eſſieux ſervant à
porter les ſoleils tournans, ainſi que je le dirai
plus loin.

Les premieres barres, c'eſt‑à‑dire, celles non
percées au bout, ſe remettent ſur le tour, pour
y pratiquer deux tourillons : l'un pour ſervir
d'eſſieu aux girandoles, doit avoir trois pouces
moins un quart de longueur, ſur cinq lignes de
diametre, & porter à ſon bout un écrou de
bois, d'environ huit lignes de hauteur ; & l'au‑
tre qui ſe fait de dix‑neuf lignes de longueur, ſur
huit de diametre, ſe colle dans la piéce ſuivante.

574. C'eſt un *cylindre* de bois de noyer, de
ſeize lignes de longueur, percé au centre d'un
trou de huit lignes, & creuſé d'un bout à deux
lignes de profondeur, d'une mortaiſe d'un pouce
de diametre.

On lui donne trois épaiſſeurs différentes. La
premiere qui eſt le derriere de la piéce, ſe fait

de deux pouces de diametre, sur six lignes de longueur.

La seconde est une *feuillure* de vingt-trois lignes de diametre, sur quatre de longueur, pour recevoir, un peu de force, une virole de fer-blanc mince, de vingt-trois lignes de hauteur.

Et la derniere de six lignes de longueur, se met à dix-sept de diametre, pour en former un cylindre.

575. On fait une rainure de deux lignes & demie de largeur, dans la hauteur de chacune de ces pieces, sur le *rebord* de la mortaise du cylindre, & on les enfile à la colle forte chaude, jusqu'à fond du tourillon des barres, en mettant la rainure de celle-ci à plomb de la leur; ensorte que l'on puisse voir le jour à travers.

576. Les cylindres des soleils tournans different seulement de ceux-là, en ce que leur centre percé d'un trou de quatre lignes, ne se creuse pas d'une mortaise, & que l'on grave à quatre lignes de ce même centre, une rainure circulaire de deux lignes, que l'on perce d'un trou prolongé en dehors, à côté de celui du milieu.

Le Comte. Je conçois, Monsieur, d'après ces exposés, que les barres montées sur le moyeu, doivent renfermer des étoupilles communiquantes à celle du cylindre des girandoles & des soleils tournans; mais je ne vois pas comment ces

mêmes étoupilles peuvent prendre feu , puifque
le moyeu n'en porte aucune à leur pied?

577. *L'Amateur.* Comme cette piece, Monfieur,
feroit trop embarraffante pour le tranfport , fi
on montoit d'avance les barres qui la compofent,
on perce leurs tenons d'un trou de vingt-deux
lignes de profondeur , fur deux & demie de diametre; & on le découvre un peu en longueur
dans la rainure , pour y atteindre & y paffer le
bout d'étoupille que l'on fait fortir d'environ
un pouce ; celle de la rainure intérieure de la
chambre du moyeu ne pouvant brûler, fans que
par fon extenfion, elle n'enflamme les étoupilles
des barres.

578. C'eft par la même raifon que le feu fe
communique d'un artifice *mobile* , à un artifice
fixe , &c. au moyen des rainures circulaires pratiquées fur la furface plane des moyeux, qui ne
font écartés les uns des autres, que de quatre lignes, & dont les petits cylindres empêchent le
feu de s'infinuer le long de l'effieu dans lequel
on les enfile, étant dans un enfoncement de boîte
faite pour cela.

Le Comte. Je n'ai plus qu'à vous demander,
Monfieur, comment fe font les moyeux des girandoles & des foleils tournans, pour enfuite y
monter des jets?

579. *L'Amateur.* Ces moyeux auffi de bois da-

noyer, & de deux pouces de longueur, fe font, Monfieur, à peu de chofe près, les uns comme les autres.

Ceux des girandoles fe percent au centre d'un trou de fix lignes; & leurs rainures circulaires de deux lignes, fe gravent à quatre lignes & demie de ce même centre.

Les feconds ne fe percent que de quatre lignes, & leurs rainures fe tirent à quatre lignes du centre.

On leur donne auffi à tous trois groffeurs différentes: la premiere (c'eft le moyeu) fe fait de deux pouces de diametre, fur quatorze lignes de longueur, & fe diminue de deux lignes en mourant, jufqu'à ▓ demi-pouce du centre.

On la perce de quatre trous à vis de cinq lignes d'ouverture, par quart de fa circonférence, & on fait un trou dans la rainure, que l'on prolonge jufqu'au dehors, entre le premier écrou à droite & le quatrieme à gauche, pour les girandoles; & entre le premier à gauche & le quatrieme à droite pour les foleils tournans. On ouvre ces trous fur les moyeux, par une petite mortaife de trois lignes de longueur.

La feconde épaiffeur eft une *feuillure* de vingt lignes de diametre, fur quatre de longueur, pour recevoir auffi, un peu de force, une virole de fer-blanc mince, d'un pouce & demi de hauteur, fervant à former une double boîte qui renferme les communications des deux pieces, lorfqu'elles font réunies.

Enfin, la derniere groffeur eft un *cylindre* auquel on donne dix-fept lignes de diametre, fur fix de longueur.

Des vingt-quatre rais dont on garnit ces moyeux, douze fe font à cannelures comme ceux des foleils fixes, & fe viffent dans les écrous, n°. 1 & 3, leur parement en dehors des moyeux; & les autres qui doivent être pareils à ceux des petits foleils tournans, fe montent pour les girandoles, leurs entailles en *diagonale* de *droite* à *gauche*, & en *travers* des moyeux pour les foleils tournans.

580. Les jets brillans de quatre lignes (pour plus de variété & d'agrément, on fait la premiere reprife en *brillans* de fer; la feconde en *aurore*; la troifieme en *charbon* de *terre*, & la derniere en *acier*), dont fix en *tourniquets* pour les girandoles, s'attachent leurs trous de côté tournés à *gauche*, en tenant chaque rai en bas devant foi; & les fix autres fe mettent la gorge en *deffous*. (Voyez page 169, la maniere de faire les jets en tourniquets.)

Ceux des foleils tournans s'attachent de même, mais le trou des tourniquets, ainfi que la gorge des autres jets fe mettent à *droite*, chaque rai tourné aussi en bas devant soi sur la table.

581. On communique les jets de l'un à l'autre, pour en former *quatre* reprises, & on renferme dans la gorge du premier, un porte-feu dont on conduit l'étoupille par la mortaise du moyeu, dans la rainure de son cylindre que l'on en remplit.

582. On passe le bout d'une longue étoupille dans la rainure des barres des girandoles, pour en garnir celle de leurs cylindres, ensuite l'autre bout dans le trou de leurs tenons, en le laissant d'environ un pouce plus long ; & après avoir couché l'étoupille dans la rainure, on la couvre de plusieurs bandes de papier collé, la derniere en brouillard.

583. Les girandoles étant garnies de leurs viroles, ainsi que les cylindres, on les enfile dans les essieux des barres, & on les y retient avec leurs écrous, en leur donnant une ligne de jeu. (*Fig.* M, est celle d'une de ces pieces dont les lignes ponctuées marquent les viroles, & *c* la communication venant du moyeu.)

584. Les essieux de *fer*, pour les soleils tournans, se font de cinq pouces sept lignes de longueur, sur trois lignes de diametre. Ils doivent être tarodés pour recevoir des écrous dont un à queue, & porter à deux pouces dix lignes de l'un des bouts, une *embasse* de trois lignes de longueur, sur huit de diametre.

585. On les enfile par le plus long bout dans les cylindres, en mettant leurs boutons du côté des rainures, & on les passe par ce même bout dans le trou des barres au - dessus des rainures. On tourne le trou de communication des cylindres à plomb des rainures, & on le marque sur celles-ci, pour les percer de même de part en part des barres, après avoir retiré les broches, avec cette attention de ménager leurs trous.

586. On dégage ces derniers trous un peu en pente par dessous dans les rainures seulement, & on enfile les essieux de l'autre côté, en mettant les trous vis-à-vis les uns des autres, de manière à voir le jour à travers; après quoi on les fixe bien ferme sur les barres, avec leurs écrous à queues.

587. Ces barres se garnissent comme les autres, en passant le premier bout de l'étoupille par le trou de leurs rainures, pour en remplir celle des cylindres; & l'autre bout se fourre de même dans leurs tenons. Les rainures des barres étant couvertes de papier collé, & les cylindres & soleils montés de leurs viroles, on enfile les derniers dans leurs essieux, & on les y arrête avec les petits écrous à une ligne de jeu. (*Fig.* N, est un de ces soleils dont le conduit *c* porte le feu à son premier jet).

Le Comte. Et l'axe de fer, Monsieur, pour

porter toute votre machine, comment se fait-il,
& y rassemble-t-on à la suite les unes des autres,
les différentes pieces qui la composent ?

588. *L'Amateur.* Cet essieu d'environ trois
pieds huit pouces de longueur, doit avoir,
Monsieur, six lignes de diametre, & porter à
sept pouces moins un quart de l'un de ses bouts
à vis, une *embasse* de deux lignes de longueur,
sur douze lignes de diametre.

589. Après l'avoir garni par sa plus grande
longueur, de plusieurs tours d'étoupille, retenue avec de l'amorce près du bouton, on l'enfile par l'autre bout jusqu'à l'embasse, dans la
mortaise du gros moyeu (*fig.* O, 4) dont on
ôte le cylindre ; on l'y fixe très-ferme avec la
vis *v*, & on remet le cylindre 5 garni d'étoupille
dans ses rainures de communications.

590. On monte l'essieu 1 sur une forte perche
de sapin 3, de treize pieds, dont le petit bout
applani sur deux faces opposées, doit avoir à
peu près trois pouces de grosseur, & être percée
à trois pouces en contre-bas, d'un trou à passer
l'essieu que l'on y retient ferme, avec un fort
écrou à oreilles 2, en observant de tenir en dessous la vis du moyeu ; & on scelle la perche en
terre, à dix-huit pouces de profondeur.

591. On visse les barres sur le moyeu, & après
avoir couvert son cylindre avec un *tuyau* de fer-

blanc, de quatre pouces de longueur, fur trois moins un quart de diametre, (il en faut un femblable à chaque entre-deux des moyeux, pour garantir leurs communications des étincelles du feu qui pourroient tomber deffus, & les enflammer avant leur tems:) on enfile les autres pieces dans cet ordre.

On met l'étoile 6, ou la croix de chevalier devant le gros moyeu, en tournant la premiere barre en *deffus*, & on l'arrête avec fa vis.

On enfile la feconde roue 7 du guilloché par fon cylindre; on paffe le coulant de fa lanterne 8 que l'on retient par deffous l'effieu avec fa vis, & on leur donne affez de jeu, pour que les dents de la roue ne ferrent pas trop, fans cependant pouvoir échapper.

On monte la virole fur la premiere roue 9, & on coule celle-ci jufqu'à la lanterne, en obfervant de mettre le cinquieme rai en *deffus*, vis-à-vis du quatrieme de derriere. On lui donne auffi le même jeu qu'à l'autre, & on l'arrête avec le foleil fixe 10, en tournant fa vis en *deffous*.

Enfin, on enfile le foleil tournant 11, après avoir mis un long cartouche étoupillé, dans la gorge de fon premier jet (*fig.* A, 1), & on le retient à une ligne de jeu avec un écrou à oreilles 12.

Mais, comme on peut quelquefois employer

le second soleil tournant, en place du guilloché, on a un coulant de bois, portant sa vis, pour suppléer à l'écrou, & regagner par là le moins de longueur de ce moyeu, parce que l'essieu ne doit être tarodé que jusqu'à une ligne près de la premiere piece. (*Fig.* O, est celle de l'assemblage un peu écarté, de tous les moyeux de la machine pyrique, vu de profil, & dont les lignes ponctuées marquent les tuyaux & les communications des cylindres.)

592. *Le Comte.* Il me paroît, Monsieur, que les moyeux de votre machine sont construits de maniere à pouvoir en former autant de pieces détachées que l'on voudra ; par exemple, tantôt un soleil tournant suivi d'un fixe ; tantôt un second soleil tournant ou le guilloché, après le soleil fixe, & tantôt ensuite de ce dernier, les trois petits soleils tournans ou les girandoles, à deux ou à quatre reprises, &c. Il ne s'agit, je crois, que d'avoir des essieux de longueur proportionnée au nombre des pieces que l'on desire réunir, & de les monter sur une perche de huit à neuf pieds, lorsque l'on n'emploie pas les grandes barres.

593. *L'Amateur.* Rien de mieux conçu, Monsieur, & je suis charmé que vous me préveniez par votre observation à laquelle j'ajouterai, en finissant, que le guilloché qui peut aussi seul

faire une piece, nous en fournit encore une particuliere, appellée *les moulins de Dom Quichotte*, en
montant fur les écrous, n°. 1 & 3, du premier
moyeu, & fur ceux du fecond, n°. 5 & 7, des
rais d'une certaine longueur ; portant chacun
trois ou *quatre* jets *brillans* (on peut auffi varier
la couleur de leur feu), qui, partant de quatre en
quatre, reffemblent affez aux aîles d'un moulin
que le vent fait tourner.

594. Ces rais ou plutôt ces barres de deux
pieds un quart de longueur, fe font de dix lignes
en quarré, à la longueur de huit pouces de l'un
des bouts, & fe mettent pour le refte à dix lignes
de diametre.

On les viffe fur les moyeux, pour établir une
de leurs faces en *devant*, & on la divife en quatre
parties égales, en commençant à fix lignes de
leurs quarrés.

On perce un petit trou au milieu de chacune
de ces divifions, & on en fait un femblable à fix
lignes au-deffous de celui-là.

595. On pratique une cannelure entre les petites divifions fur le devant des rais, & on y attache les jets avec du fil de fer recuit, en forme
d'*échelons*, en tournant ceux de la premiere
roue, la gorge à *gauche*, & les autres la gorge à
droite.

596. On les communique de l'un à l'autre,

pour en former autant de reprifes qu'il y en a
fur chaque barre (*fig.* P) , & on renferme dans
la gorge des premiers d'en bas , un porte-feu *
dont on conduit l'étoupille dans les rainures des
moyeux, après en avoir enfilé un bout dans le
trou qui traverfe le premier moyeu.

On enveloppe fa rainure de devant, de plufieurs tours de papier non collé , & on monte
les roues fur un effieu de longueur convenable
(il doit porter une *embaffe* pour le fixer fur la
perche), en y enfilant d'abord un *tuyau* de bois,
fervant à écarter un peu les moyeux de la perche,
afin qu'ils puiffent tourner plus librement fur
leur lanterne. On tient les rais *de bout* , les uns
devant les autres , & lorfqu'on veut mettre
le feu à la piece, on ôte l'enveloppe & on le
préfente à l'étoupille découverte. (*Pl.* 7, *fig.* P,
eft celle de l'une des aîles de ce moulin dont le
dernier jet, en finiffant, communique à un marron attaché fur le bout de la barre.)

DIALOGUE DIXIEME.

De la diftribution & de l'exécution d'un feu d'artifice.

597. *LE COMTE.* Vous m'avez certainement
donné, Monfieur, affez de pieces d'artifice pour
en compofer un feu complet ; il ne me manque
plus

plus que de favoir les diftribuer de maniere à en
former un coup d'œil agréable, pendant le jour
de la fête, & de les tirer fuivant un certain ordre
de gradation qui ne contribue pas peu à les faire
valoir encore davantage.

598. *L'Amateur.* Comme la conftruction d'un
théatre deviendroit difpendieufe, on fe fixe,
Monfieur, à de petites décorations peu coûteu-
fes, qui, arrangées avec goût, ne laiffent pas
d'avoir leur mérite.

Une légere & moyenne *façade* de charpente,
revêtue de *voliches* de fapin, peintes à la détrempe,
repréfentant quelques *portiques* à *colonnes* avec
leurs *architraves*, furmontées de *vafes*, de *baluftrades* & d'une *figure d'amortiffement* au milieu,
ou fimplement des poteaux, des perches & des
tréteaux, mafqués de *verdure*, font tout ce qu'il
faut pour dreffer une feu d'artifice.

Celui que vous avez projetté de donner au
mariage de Mademoifelle votre fœur, & pour
lequel je vais vous indiquer la maniere de diftribuer, & d'exécuter les pieces dont vous
pourrez le compofer, vous fervira de *guide*
dans toute autre circonftance, foit en augmentant ou diminuant le volume des artifices, ou en
employant tantôt une piece, & tantôt une autre,
fuivant que vous voudrez donner une fête
plus ou moins brillante.

X

599. En fuppofant une façade à *trois* portiques cintrés , que nous appellerons le *temple de l'hymen* , décoré d'une pyramide au milieu , d'une baluftrade de chaque côté , & de quatre colonnes, furmontées d'autant de vafes (cette dépenfe n'eft rien pour vous , mais alors plus d'impromptu, il y a trop d'ouvrage pour le cacher); vous pouvez, Monfieur, y diftribuer les artifices , & les exécuter dans l'ordre fuivant.

Scene premiere. Pour ouvrir la fête, & inviter les échos d'alentour à venir y prendre part, vingt-quatre gros *marrons.*

Scene feconde. A une certaine diftance de l'une des ailes du temple fur le devant , un chevalet pour tirer de fuite trois douzaines de fufées volantes, moitié de *douze* & moitié de *quinze* lignes; & de l'autre côté fur une perche, une douzaine de fufées d'*honneur* , de dix-huit lignes. (On nomme ainfi les plus groffes fufées que l'on fait toujours partir les dernieres , qui, fe portant à de grandes hauteurs, égaient par leur éclat & leur bruit, l'obfcurité & le filence de la nuit.)

Scene troifieme. Un *couräntin* à *deux* reprifes, pour porter le feu à un filet d'illumination de lances , bordant le pourtour de la décoration.

Scene quatrieme. Au milieu de chacun des petits cintres, un *foleil tournant* à *trois* reprifes, avec batteries & changement de feu , les deux jouant enfemble.

Scene cinquieme. Derriere les vases des colon‑
nes du dehors un *pot à aigrette*, pouſſant les deux
enſemble le feu brillant à vingt-cinq pieds de
hauteur, tels que des jets d'eau, dont les gouttes
ſont éclairées par les rayons du ſoleil, & finiſ‑
ſant par l'exploſion d'un petit coup de canon
qui jette en l'air nombre de ſerpenteaux, traçant
par leur courſe incertaine, des *berceaux* de feu
qui diſparoiſſent, en faiſant une décharge ſem‑
blable à une ſalve de mouſqueterie.

Scene ſixieme. Au milieu de chacune des quatre
colonnes par derriere, un *ſoleil tournant* à *deux*
repriſes avec batteries, formant les quatre en‑
ſemble, *trois* rideaux de feu brillant, pour rem‑
plir le vuide des arcades, & éclairer la façade
de la décoration.

Scene ſeptieme. Un peu éloignés de devant des
colonnes intérieures, deux *brins d'ordonnance*,
chacun ſur un tréteau, garnis de leurs ſix pots à
feu, jettant alternativement des ſerpenteaux,
& des ſauciſſons volans en forme ſpirale ou
vis ſans fin, les deux jouant enſemble, en les
faiſant commencer par différentes garnitures.

Scene huitieme. Bien au‑devant du milieu des
petits portiques, deux poteaux portant chacun
une *girandole* en caprice à *cinq* repriſes, ſurmon‑
tée de ſa gerbe d'aigrette à petard, tournant les
deux enſemble, l'une à *droite* & l'autre à *gauche.*

X ij

Scene neuvieme. Deux *galeries* en feu *chinois,* posées derriere les baluftrades, partant enfemble, en jettant des fleurs & des diamants de diverfes couleurs, formant dans leur chûte des *croix* de *chevalier*, enchaînées les unes aux autres, & des efpeces de *papillons volans*, en finiffant par une efcopeterie.

Scene dixieme. Au milieu du grand portique, & bien au-delà par devant, la machine des *tourbillons* à *fix* reprifes, les trois premieres tournant à *droite*, & les autres à *gauche*.

Scene onzieme. Derriere les vafes des colonnes du dedans, & au fommet de la pyramide auffi derriere fa boule, trois *pots à aigrettes* en forme de *volcans* de feu, partant enfemble & finiffant par remplir l'air d'un infinité de feux mouvans & bruyans.

Scene douzieme. Deux panneaux de menuiferie, portant le *chiffre* des époux en illumination de lances, pofés chacun fur un piédeftal au milieu des deux petites arcades, & un peu éloignés par derriere, pour accompagner le tambour à *tranfparent* avec fa bordure d'étoiles, & fon petit foleil tournant, placé fur l'*autel* du temple au centre de la grande arcade, à l'alignement des panneaux, & portant dans un cartouche entouré de guirlandes de fleurs peintes une devife, comme *deux cœurs entrelacés & enflammés* percés d'une même *fléche*, avec cette légende au-deſſus, *un ſeul nous bleſſe.* (voyez la *fig.* L de la cinquieme *planche*) ou en ne mettant pas de trait avec les cœurs, cette autre légende, *nous brûlons d'un même feu*, ou par alluſion à l'épouſe qui ſe diſoit invulnérable aux traits de l'amour, un cartouche qui le repréſente, venant de décocher une fléche à un *cœur* ſuſpendu à un jeune arbriſſeau, avec cette deviſe, *enfin il eſt bleſſé.*

Scene treizieme. La *machine pyrique* complette avec ſa croix de chevalier, placée au milieu de la pyramide.

Scene quatorzieme & derniere. Pour terminer la fête, un bouquet de fuſées volantes renfermées dans une caiſſe placée au loin, derriere le milieu de la décoration.

600. Vous voyez, Monſieur, d'après cet ordre d'exécution, que l'on commence toujours par les moindres pieces; que l'on fait jouer enſemble celles employées doubles, lorſque leur effet eſt le même, & que l'on ne fait jamais paroître qu'un *ſeul* ſoleil *fixe*, à la fin d'un feu d'artifice.

Je vous obſerverai encore que les étoupilles des pieces doivent être enveloppées au bout de leurs cartouches, d'une bande de papier non collé, que l'on ôte quand il faut y mettre le feu, tant pour les préſerver de l'humidité de l'air du

X iij

foir, que des étincelles de certaines pieces qui pourroient en enflammer quelques-unes avant leur tems.

Une autre attention à avoir, c'eft de ne pas laiffer la fcene vuide de feu, autant qu'il eft poffible. Les artifices en font, à la vérité, plutôt confommés; mais leur exécution plus fuivie, les rend & plus amufans & plus agréables.

Le Comte. Vous me donnez-là, Monfieur, des idées qui répondent bien à l'envie que j'ai de faire une brillante fête; mais comment pourrai-je entreprendre feul un ouvrage de fi longue haleine, fi vous ne promettez de m'aider dans fon exécution?

L'Amateur. Soyez tranquille, Monfieur, puifque mon projet eft de votre goût, nous trouve-rons moyen de le conduire à fa perfection. En faifant d'avance les pieces qui peuvent fe garder fans altération; le refte fera bientôt achevé.

Le Comte. Je penfois bien, Monfieur, que vous ne me refuferiez pás ce nouveau fervice; auffi vais-je dès-à-préfent faire travailler au bâti de charpente, & aux décorations néceffaires pour notre réjouiffance.

601. *L'Amateur.* Après avoir parlé, Monfieur, des artifices d'air & de terre, il feroit dans l'ordre de nous entretenir de ceux que l'on peut exécu-ter *fur l'eau* & *dans l'eau*, tels que font les fuivans.

1°. Les *genouilleres*, autrement appellées *dau-phins* ou *canards*, dont l'effet & l'usage sont les mêmes que ceux des serpenteaux.

2°. Les *plongeons* ainsi nommés, parce que ces artifices s'enfoncent dans l'eau, & reparoissent au-dessus à plusieurs reprises.

3°. Les fusées *courantes* sur l'eau, qui ne font autre chose que des fusées de courantins, renfermées dans le corps de quelques figures d'animaux aquatiques.

4°. Les soleils tournans *horisontalement* sur l'eau au moyen d'un plateau de bois, taillé en rond pour porter les cartouches arrangés, comme aux soleils tournans sur terre.

Enfin les mortiers à *balons*, la *machine spirale* (vous la connoissez, c'est notre girandole à pyramide de lances), les pots *à aigrettes*, les *jattes* ou *girandoles* d'eau, &c. garnis de genouilleres, plongeons, &c.

Mais, comme ces sortes d'artifice dont les compositions sont communes avec les premieres, demandent certaines pièces d'eau que l'on ne trouve pas par-tout, & des bateaux pour les y exécuter; & que par cette raison, ils ne conviennent gueres à des particuliers, qui, d'ailleurs s'amusant quelquefois des artifices, ne sont pas obligés de les connoître tous, comme un homme du métier; je ne vous indiquerai pas, Monsieur,

X iv

la maniere de les faire, parce que je préfume que
vous n'y donneriez jamais vos foins.

Je me contenterai de vous donner une idée
de leur conftruction, qui eft de rendre leurs
cartouches impénétrables à l'eau; en les endui-
fant à l'extérieur de cire, de poix, de fuif ou de
goudron, & de les *lefter* de façon à ce qu'ils puiffent *flotter* fur l'eau , & s'y tenir *debout* fuivant
leur nature, en leur ajoutant des contre-poids
qui affujettiffent leurs gorges à *fleur* d'eau.

Le Comte. Vous avez raifon, Monfieur, de dire
que je ne m'occuperai pas des artifices d'eau ; car
je vous affure que je n'ai pas envie de barboter
fur cet élément ; les artifices d'air & de terre
m'offrent affez de quoi m'amufer, fans me livrer
à ceux-là, dont l'exécution ne peut être que dan-
gereufe pour qui n'a pas l'ufage de l'eau.

L'Amateur. Les détails dans lefquels je fuis
entré avec vous, Monfieur, & mes repétitions
ne vous ont peut-être que trop ennuyé , mais ils
étoient indifpenfables, pour établir des principes
dont on ne doit jamais, felon moi, s'écarter,
lorfqu'on eft jaloux du fuccès de fes entreprifes,
& que l'on ne veut rien laiffer de louche.

On devient fouvent obfcur par trop de con-
cifion, fur-tout en fait d'*art-pratique*, & il en réfulte que perfonne ne nous entend: d'ailleurs je
ne vous avois pas promis un ouvrage d'*élocution*,

une pareille tâche a toujours été au-deſſus de mes forces.

Mais, ſi en nous entretenant familiérement enſemble, écrivant chacun ce que nous nous diſions mutuellement, je ſuis parvenu à vous indiquer les moyens de vous amuſer des feux d'artifice, en les compoſant vous-même (quand on ſait les faire, on peut en varier & changer les effets ſuivant que le goût & le génie ſuggerent); j'en ſuis moins redevable à ma façon de vous les avoir propoſés, qu'à votre intelligence & à votre facilité à ſaiſir les choſes.

Le Comte. Il y a trop à profiter avec vous, Monſieur, pour s'y ennuyer un inſtant : tout ce que je crains, c'eſt de vous avoir fatigué par mes queſtions multipliées ; avouez-le ? Mais non, votre complaiſance & votre honnêteté vous empêchent d'en convenir. Quoi qu'il en ſoit, recevez ici, je vous prie, mes remerciemens ſinceres de toutes les peines obligeantes que mon envie d'apprendre à compoſer les feux d'artifice, vous a occaſionnées, en attendant l'exécution de notre fête de noce, dont je ne vous tiens pas quitte.

F I N.

EXPLICATION DES FIGURES.

PLANCHE PREMIERE.

PLANCHE SECONDE.

Figure A. Moule à former les étoiles, vu renⁱ
verſé,   *pages* 94 & *ſuiv.*

Fig. B. Plan & coupe du moule à étoiles, dont
le cylindre du milieu en élévation, porte ſa
broche & une virole ponɢuée, *ibid.* & *ſuiv.*

Fig. C. Saucislon ſimple, enveloppé de deux
rangs de ficelle, amorcé & prêt à recevoir
le feu,   98

Fig. D. Culot avec ſon cylindre au milieu, pour
charger les ſauciſſons volans,   99

Fig. E. Sauciſſons volans enflammés, ſortant de
leurs pots viſſés ſur une barre attachée ſur un
tréteau,   100, 177 & *ſuiv.*

Fig. F. Carte à jouer, tracée & ponɢuée pour
former un cartouche de petit marron,   101

Fig. G. Bande de carton, coupée & ponɢuée,
prête à faire un coffre quarré, pour un gros
marron,   *ibid.*

Fig. H. Moule à dreſſer les cartouches des gros
marrons,   102

Fig. I. Marron enveloppé de ficelle, & amorcé
pour le tirer,   103

Fig. K. Cartouche de fuſée volante, enfilé ſur
ſa broche, & ſon culot poſé ſur un billot, 111

Fig. L. Moule à fuſées volantes, arrêté ſur ſon
culot portant ſa broche, & un cartouche prêt

PLANCHE SEPTIEME.

Repréfentant les pieces d'une machine Pyrique.

F I N.